KB073122

다큐멘터리 한국의 갯벌탐사

갯벌 생태와 환경

이병구

Korean tidal flat

일진사

머리말

갯벌은 자연이 우리에게 준 최고의 선물이며 가장 생산성이 높은 생태계 중의 하나이다.

조개, 게, 갯지렁이, 갈대, 칠면초, 나문재 등 갯벌에 사는 모든 생물은 우리가 갯벌에 마구 흘려보내는 오염물질을 걸러서 바다로 보내는 정화 기능을 한다. 이는 갯벌에서 얻는 어패류 등의 경제적 가치보다 더 중요하다. 만약 갯벌이 없다면 오염물질을 처리하는 하수종말처리장 등을 수없이 많이 설치해야 하기 때문이다. 그럼에도 불구하고 앞으로도 토지와 용수를 확보하기 위하여 가장 손쉬운 방법인 간척사업은 계속될 전망이다.

이젠 이런 생각을 바꾸어야 할 때이다.

갯벌이 하는 여러 가지 기능을 위해서 갯벌을 보존할 것인지, 좁은 국토를 확장하기 위해 개발을 할 것인지를 선택해야 한다. 지금부터라도 시화호 간척사업이나 새만금 간척사업처럼 수십 km의 방조제를 쌓음으로써 갯벌을 파괴하게 되는 대규모 개발은 자제되어야 마땅하다. 부득이하게 개발을 해야 한다면 투명하고 전문적인 환경평가가 이루어진 후에 개발과 보존을 결정해야 한다.

무분별한 간척사업은 갯벌을 심각하게 오염시킬 것이며, 갯벌이 오염되면 간척사업으로 얻은 경제적 가치보다 더 큰, 수치로 환산할 수 없는 손실을 입게 될 것이다. 이제 더 늦기 전에 국가 정책 차원에서 갯벌을 개발하는 것보다 보존하는 데 힘을 기울여야 할 것이다.

이 책을 읽는 이들이 갯벌에서 살아 숨쉬는 동·식물과 자연의 선물인 갯벌을 소중하게 여기게 되기를 바라며, 이 책을 출판하는 데 애써 주신 도서출판 **일진사** 직원 여러분께 감사드린다.

저자 씀

CONTENTS

| 차례 |

1 갯벌이란 무엇인가?

2 갯벌에는 무엇이 살까?

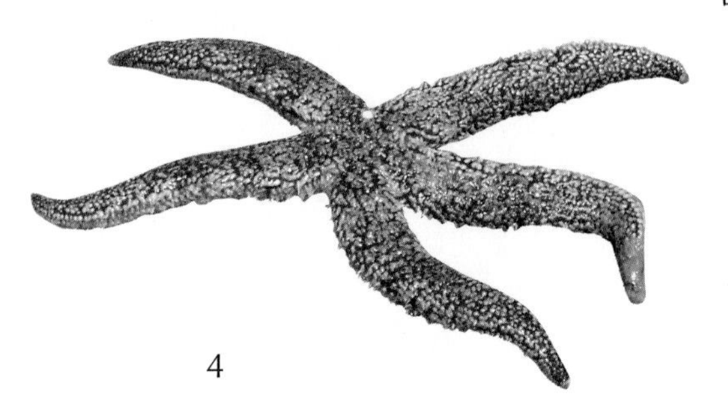

3 갯벌은 어디에 있을까?

4 갯벌의 개발과 환경이야기

1 갯벌이란 무엇인가?

갯벌이란?

갯벌이란 썰물 때 나타나는 바닷가의 넓고 평평한 땅으로 개뻘, 개벌, 갯뻘, 개펄, 펄(泥), 뻘, 간석지(干潟地), 간사지(干砂地), 해택 등 다양한 말로 불리어 왔지만 현재는 순 우리말인 '갯벌' 이 일반적으로 사용된다.

우리는 흔히 '갯벌' 과 '개펄' 을 혼동하여 사용한다. '갯벌' 은 '바닷물이 드나드는 모래톱' 을, '개펄' 은 '갯가에 미끈미끈하고 거무스름한 개흙이 깔린 벌' 을 말한다.

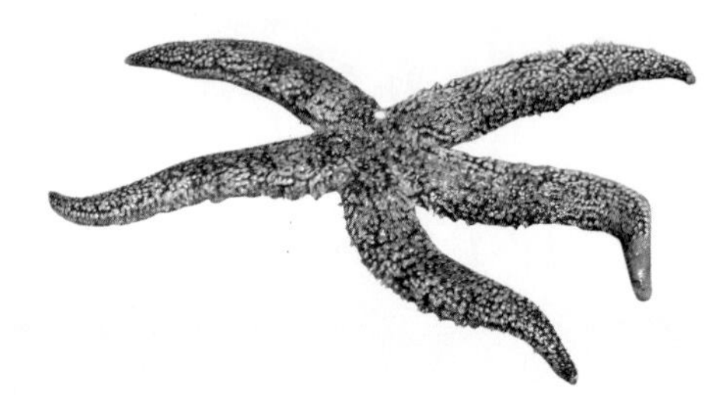

또한 넓게 펼쳐진 개펄 벌판은 펄 갯벌 또는 간석지로, 모래 벌판은 모래 갯벌 또는 간사지로 구분하여 사용한다.

썰물 때 나타난 갯벌(간조)

이러한 갯벌은 어떤 때는 바다가 되고, 어떤 때는 육지가 되기도 한다.

바닷물이 넓은 갯벌에 밀려 들어오는 것을 밀물이라 하며, 가장 많이 들어오는 때를 가리켜 만조(고조)라 한다. 이때 갯벌은 바다가 된다. 반대로 바닷물이 갯벌에서 빠져나가는 것을 썰물이라 하며, 가장 멀리 빠져나갈 때를 간조(저조)라 한다. 이때 갯벌은 육지로 변한다.

갯벌을 탐사하기 좋은 때는 바닷물이 빠져 육지가 드러난 이 썰물 시간이다. 그러나 잘못하면 바다에 갇히는 불상사가 생기므로 바닷물이 들어오는 밀물 때는 신속하게 갯벌에서 나와야 한다.

방파제까지 들어온 바닷물(만조)

갯벌은 어떻게 만들어졌을까?

갯벌은 사람이 빌딩이나 고속도로를 만들 듯이 짧은 시간에 만들어지는 것이 아니다. 우리나라 갯벌은 8천년 이상이라는 오랜 기간 동안 몇 가지 중요한 자연적 현상이 서로 상호작용을 하여 만들어졌다.

파랑 작용

풍랑은 바다 위나 물 위에 바람이 불 때 생기는데, 어느 바다에서 발생한 풍랑이 다른 바닷가까지 진행하다 감쇠(줄여서 약해짐)하여 생긴 너울

아주 작은 파도 같은 파랑 갯벌 상부를 침식한다.

을 '파랑' 이라 한다. 파랑은 파도의 일종으로, 흔히 우리가 해안가에서 보는 파도를 말한다.

이런 파도가 해안을 침식하는 것을 파랑 작용이라 하며, 이 침식에 의해 생긴 흙과 모래와 자갈이 밀물과 썰물에 의해 바다 멀리까지 운반되어 갯벌을 형성한다.

동해안은 파랑 작용이 나타나도 밀물과 썰물의 차가 적어 갯벌이 형성되지 않지만, 서해안과 남해안은 밀물과 썰물의 차가 커서 갯벌이 잘 발달했다. 파랑 작용으로 생긴 갯벌의 해안가는 큰 자갈이 많고 안으로 들어갈수록 작은 자갈, 모래, 진흙 순으로 형성된다.

밀물과 썰물 작용

바닷물은 갯벌에 들어와 가득 찼다가 다시 멀리까지 빠져나간다. 이를 밀물과 썰물 작용이라 하는데, 밀물은 바닷물이 갯벌에 들어오는 때를 말하고 썰물은 반대로 바닷물이 나갈 때를 말한다. 밀물과 썰물 작용을 조석 작용이라고도 하며, 이런 작용이 없으면 갯벌이 형성될 수 없다. 강물이나 빗물에 의해 바다에 유입된 모래나 진흙 등 퇴적물과 파랑 작용에 의해 생긴 퇴적물을 바다 멀리까지 운반하여 퇴적시키는 것이 밀물과 썰물 작용이기 때문이다. 해안에서 하루 중 바닷물의 높이가 가장 높아졌을 때를 만조, 가장 낮아졌을 때를 간조라 하며, 만조와 간조 때 바닷물의 높이 차이를 '조석차' 라 한다.

이런 이유로 우리나라는 조석차가 큰 남해안과 서해안에 갯벌이 많이 형성되어 있고, 특히 서해안에 전체 갯벌의 80%가 분포되어 있다. 조석차가 작은 동해안에서는 갯벌을 거의 볼 수 없다.

밀물과 썰물(조석)이 생기는 이유

아주 멀리까지 바닷물이 밀려 나감(썰물)

밀물과 썰물은 태양, 달, 지구의 상호작용인 인력과 원심력에 의하여 생기며 그 중에서 지구와 가장 가까운 달의 영향이 제일 크다.

달과 태양이 지구를 끌어당기는 인력에 의하여 바닷물이 한쪽으로 밀리고, 지구가 하루에 한 번씩 스스로 도는 자전 운동에 의한 회전 때 생기는 원심력 때문에 바닷물이 또 한쪽으로 밀리는 것이다.

바닷물이 육지를 향해 밀려 들어옴(밀물)

그래서 우리나라가 밀물일 때 지구 반대편 나라인 아르헨티나도 똑같이 밀물이 들어오는 것이다.

조석 차가 가장 큰 때

밀물과 썰물 현상은 달이 지구 주위를 음력 한 달 동안 회전하는 공전 현상과, 지구가 회전축을 중심으로 스스로 하루에 한 번씩 회전하는 자전 현상에 의하여 결정된다.

달이 밤에 보이지 않는 그믐(음력 1일~2일 사이)과 달이 밤에 제일 크게 보이는 보름(음력 15일~17일 사이)에는 태양, 달, 지구의 위치가 일직선상에 위치하게 되는데 이때 인력과 원심력이 최대로 작용하게 되며 물론 조석의 차도 제일 크다. 이 때를 사리(또는 대조)라고 하는데, 사리 때는 바닷물이 가장 많이 들어오고 가장 멀리 나간다. 그러므로 갯벌이 가장 많이 보이고 탐사하기에도 가장 좋은 시기이다.

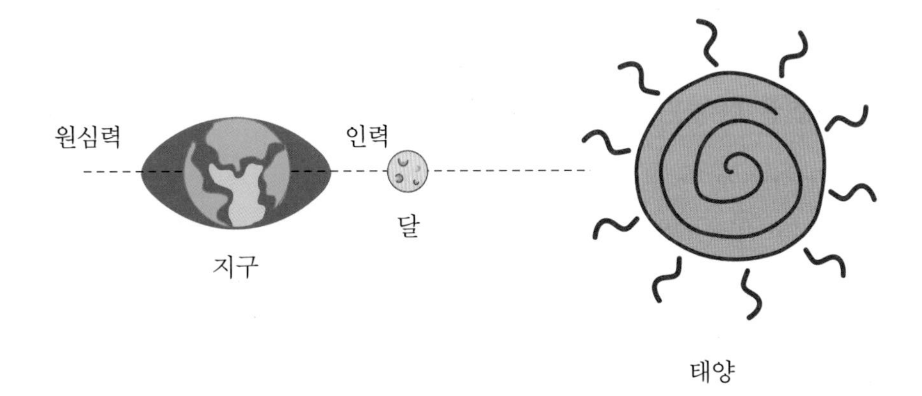

인력과 원심력

반대로 태양, 지구, 달이 서로 직각을 이루어 달이 그믐에서 서서히 커져 반쪽만 보이는 상현(음력 8일~10일 사이)과 보름에서 서서히 작아져 반쪽만 보이는 하현(음력 23일~25일 사이) 때는 조석의 차가 가장 작다. 이때를 조금(또는 소조)이라 하는데 바닷물이 가장 적게 들어오고 적게 나가 갯벌 윗부분은 바닷물이 들어오지 않는다.

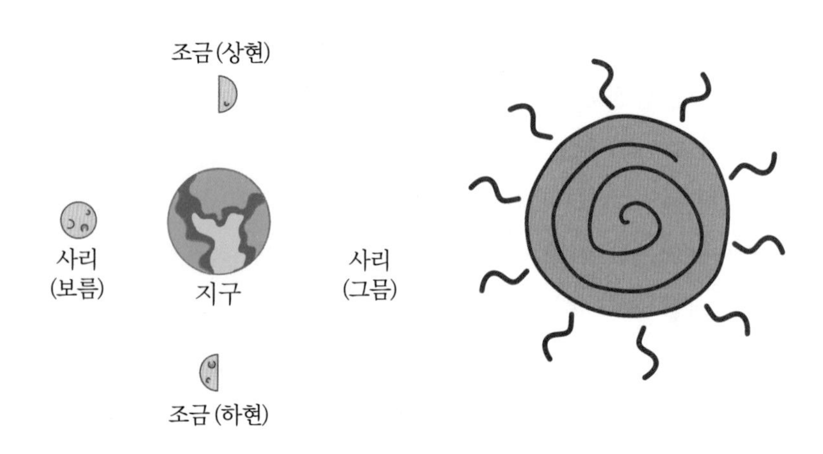

사리와 조금일 때 달의 위치

밀물과 썰물 현상은 하루에 몇 번 일어날까?

지구가 하루에 한 번 자전하므로, 우리나라도 한 번은 인력이 작용하는 위치에 있고 또 한 번은 원심력이 작용하는 위치에 있게 된다. 이렇게 밤과 낮이 생기는 것과 같은 현상으로 밀물과 썰물 현상이 생긴다.

이때 밀물과 썰물은 대개 12시간 25분을 기준으로 하루에 두 번 반복된다. 그러므로 하루에 밀물과 썰물 시간은 50분 정도 차이가 난다. 그 이유는 지구의 자전축이 23.5도 기울어져 회전하기 때문이다.

예를 들면, 오늘 오전 10시에 바닷물이 나가기 시작했다면, 다음 날에는 오전 10시 50분 경에 바닷물이 나가기 시작한다.

갯벌을 탐사하려면 바닷물이 나가는 썰물 시간을 잘 알아야 한다. 썰물 시간과 밀물 시간을 표시한 것을 '조석표'라 하며 조석표는 매일매일 신문의 날씨란을 자세히 보면 알 수 있다.

조석표 보는 방법 •••

▲ : 만조(고조)
▼ : 간조(저조)

(단위 : cm)

일자	음력	시간(높이)	시간(높이)	시간(높이)	시간(높이)	사리
4	9. 9	04:00(144) ▼	10:16(696) ▲	16:17(143) ▼	22:41(717) ▲	선 조금
5	8	04:57(171) ▼	11:23(673) ▲	17:24(204) ▼	23:47(672) ▲	앉은 조금
6	9	06:05(185) ▼	12:43(673) ▲	18:47(238) ▼	:	한 조금
7	10	01:03(648) ▲	07:19(175) ▼	14:04(703) ▲	20:11(234) ▲	한매
8	11	02:17(650) ▲	08:27(147) ▼	15:10(751) ▲	21:19(206) ▲	두매
		A	B	C	D	

간조(저조): A, C
만조(고조): B, D

* 위의 도표에서 4일 04:00분과 16:17분이 갯벌에서 바닷물이 가장 많이 빠져 나간 간조 시간으로, 갯벌에 들어갈 수 있는 시간은 04:00분과 16:17분 전후 약 3시간 동안이다. 예를 들어, 오후 16시 17분이 간조이므로 오후 14시 47분에서 17시 47분까지 갯벌에 들어갈 수 있다.

또한 4일 10:16분과 22:41분에는 반대로 바닷물이 갯벌에 가장 많이 들어온 시간으로, 이 시간을 기준으로 1시간 30분 전후가 낚시를 할 수 있는 최적의 시간이다.

하루에 두 번(정확하게는 25시간마다) 간조 및 만조가 발생하기 때문에 위의 도표에서 하루 기준으로 바닷물의 높이 숫자를 비교하여 낮은 숫자가 간조, 큰 숫자가 만조가 된다(고조=만조 / 저조=간조).

퇴적 현상

강물이 바다로 흐르거나, 많은 비가 내려 바닷가 근처 흙과 모래가 끊임없이 바다로 흘러들어가 바닥에 쌓이는 현상을 퇴적 현상이라 하는데, 이는 갯벌이 생성되는 가장 중요한 원인이다.

모래포집기를 설치하여 해안사구의 모래가 침식되어 운반되는 것을 방지

바다로 흘러들어간 흙과 모래가 쌓여 갯벌을 이루는 곳은 파도가 세지 않고 해안선이 구불구불하며, 섬이 많아 바닷물이 움직이는 속도가 느린 곳이다. 강화도 갯벌과 인천 갯벌은 한강에서 유입된 퇴적물이 쌓여 형성된 대표적 갯벌이다. 이렇게 쌓인 퇴적물에는 갯벌에 사는 동·식물의 먹이가 되는 유기배설물이 풍부하다.

갯벌의 종류

갯벌은 퇴적된 성분에 따라 구분하는데 발이 푹푹 빠지는 곳에서부터 자동차가 다닐 수 있을 만큼 단단한 곳도 있다. 갯벌은 퇴적물의 성분에 따라 크게 펄 갯벌, 모래 갯벌, 자갈 갯벌, 혼합 갯벌로 구분할 수 있다.

펄 갯벌

진흙이 주성분인 갯벌로 발이 푹푹 빠진다. 강에서 유입된 진흙이 퇴적되어 만들어진 갯벌로 주로 강 하구에 있는 갯벌이다.

서해안의 한강, 임진강 하구의 강화도와 영종도 갯벌, 금강 하구의 군산 갯벌, 영산강 하구의 무안 갯벌, 만경강 · 동진강 하구의 김제 · 부안 갯벌 등이 대표적이다. 진흙의 퇴적량에 따라 발이 빠지는 정도가 다르다.

게, 갯지렁이, 가리맛조개 등이 주로 서식한다.

한강 하구에 있는 강화도 주변 갯벌(펄 갯벌)

모래 갯벌

모래가 주성분이고 바닥이 단단하다. 물의 흐름이 빠르고 해안 사구가 많은 곳에 형성된다. 태안반도 갯벌, 안면도 갯벌, 장항 갯벌, 옥구 갯벌 등이 대표적이며, 모래 갯벌의 특성상 해수욕장이 발달되어 있다.

달랑게, 엽랑게, 조개, 서해비단고둥, 불가사리, 말미잘 등이 많이 서식한다.

변산반도

자갈 갯벌

크고 작은 자갈이 주성분인 갯벌로, 서해안이나 남해안 곳곳에 발달되어 있다. 자갈 갯벌은 파도가 해변가 주위의 산을 침식하여 생긴 자갈과 모래 등이 밀려와 주변에 퇴적되어 형성된 갯벌이다.

무거운 자갈들은 바다 멀리까지 운반되지 못하므로 다른 갯벌보다 넓게 발달되지는 못한다. 갯벌 안쪽으로 멀리 들어가면 모래와 펄이 혼합된 갯벌이 형성되는 경우가 많다. 서해안과 남해안의 많은 작은 갯벌들이 이에 해당한다.

주로 자갈이나 바위에 붙어 사는 고착 생물인 굴, 따개비, 거북손, 풀게와 여러 종류의 고둥이 살며 특히 갯벌 안쪽으로 들어가면 낙지가 많이 서식한다.

육지가 침식되어 생긴 장고항 갯벌(자갈 갯벌)

혼합 갯벌

모래와 펄이 섞여 있는 갯벌로 모래가 많으면 모래펄 갯벌, 펄이 많으면 펄모래 갯벌이라 부르기도 한다.

혼합 갯벌은 갯벌의 개발로 인하여 물의 흐름이나 속도가 변하여 생기는 경우가 많다.

이와 같은 혼합 갯벌에는 바지락 조개, 작은 갯지렁이, 가시닻해삼, 민챙이, 갯우렁이, 밤게 등이 많이 서식한다.

모래와 진흙이 많은 오이도 갯벌(혼합 갯벌)

바지락이 잘 자라는 혼합 갯벌(대부도 주변)

갯벌이 우리에게 주는 것들

바닷가에 사는 어민들의 생활 터전은 바다와 갯벌이다. 갯벌은 어민들이 조개와 굴을 캐며, 낙지를 잡고 김을 양식하여 생활비와 자녀들의 학비를 버는 삶의 터전이다.

어민들의 삶의 터전

농사를 짓는 농민이 논과 밭에서 얻은 곡식으로 생활하듯이 어민은 갯벌과 바다에서 얻은 어패류를 팔아 생활한다.

소금을 생산하는 염전

갯벌은 물과 바다가 만나는 경계 지대에 있어 여러 종류의 동 · 식물이 살고 있고, 영양염류와 에너지가 풍부하다. 바닷물이 갯벌에서 빠져 나가면 산소가 풍부해지고 바닷물 속 생물의 먹이인 유기물이 풍부하여 어패류가 많이 잡히며 어민의 생활을 풍요롭게 한다.

우럭 등을 양식하는 양식장

서해안 갯벌에는 다양하고 많은 종류의 어류, 게류, 새우류, 조개류가 서식한다.

또한 해양 생태계의 먹이사슬이 갯벌에서 시작되어 각종 어류들이 먹이를 구하고 번식하기 위한 장소로 이곳을 이용하므로 어민의 어업 활동의 90% 정도가 갯벌에 의존한다고 볼 수 있다. 따라서 갯벌은 농경지나 산림지역에 비하여 3배 내지 10배 정도로 생산성이 높은 생태계이다.

갯지렁이를 잡는 주민

또한 2차적인 생산으로 갯벌의 생물이나 질이 좋은 개흙에서 인간의 건강과 생활에 도움을 주는 물질을 개발하거나 피부 미용에 좋은 머드팩 등의 개발도 이루어지고 있다.

소래 포구 어부가 잡아온 고기를 기다리는 사람들

더러운 강물을 깨끗하게 해 주는 오염 정화 기능

갯벌은 사람이 배출하여 바다로 흘러보내는 각종 오염 물질을 정화하는 중요한 기능을 가지고 있다. 갯벌은 바다로 유입되는 영양염류나 오염 물질을 미생물과 동·식물에 의한 화학물질의 분해로 정화하는 작용을 한다.

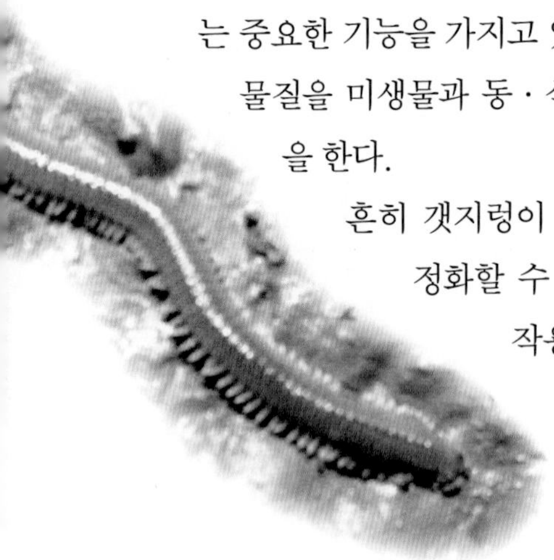

흔히 갯지렁이 500마리가 한 사람이 배출하는 배설물 2kg을 정화할 수 있다고 한다. 서해안 지역에서는 갯벌의 정화 작용에 의하여 여름철에 적조 발생이 거의 없었다는 점으로도 확인된다.

갯벌 정화 역할을 담당하는 갯지렁이

자연 재해와 기후 조절 기능

갯벌은 육지와 바다가 만나는 곳으로 두 환경의 완충작용을 한다. 홍수 때는 많은 양의 물을 흡수하고 저장할 수 있어 물의 흐름을 완화시킨다. 그리고 태풍이나 해일이 발생하면 일차적으로 이들의 에너지를 흡수하여 육지에 대한 피해를 감소시킨다.

갯벌에 유입되는 유기물을 정화시키는 염습지 식물(갈대)

또한 대기 온도와 습도에도 영향을 미치는 등 기후 조절 기능도 한다.

서해안을 개발한다는 명분으로 영산강 지역의 많은 갯벌을 매립하였는데 이로 인해 목포 지역 등 해안 가까이에 있는 지역의 해수면이 상승하여 약한 태풍에도 바닷물이 육지로 넘치는 피해를 입기도 했다.

이처럼 무분별한 갯벌의 개발은 많은 피해와 부작용을 낳고 있다.

태풍 매미로 인한 해안가 주변 피해

갯벌 생물의 생태적 서식지로의 기능

갯벌은 게, 고둥, 조개 등 어류들의 먹이가 많아 이들이 알을 낳고 새끼를 키우는 보금자리 역할을 한다. 이는 갯벌이 바다의 어떤 장소보다도 영양염류와 에너지가 풍부하기 때문이다.

또한 새의 먹이가 되는 게, 조개, 새우, 갯지렁이 등이 많아 철새들이 머물고 갈 수 있는 휴식처가 되기도 하는데 대표적인 갯벌은 강화도 지역과 부안 지역이다.

교육적 · 관광적 기능

서해안 갯벌은 세계 5대 갯벌 중의 하나로 우리나라의 중요한 문화유산이며 후손에게 물려줄 소중한 우리의 자산이다.

갯벌은 사람들에게 조개 캐기, 낚시, 해수욕, 아름다운 경치 등을 통해 생활에 활력을 주는 휴식과 여가의 장소가 된다. 또한 서해안의 경기만이나 천수만 일대와 남해안 낙동강 하구 일대의 철새 서식지는 조류 관찰을 위한 장소이며 관광 상품으로도 유명하다.

갯벌은 또한 자연교육장이나 극기훈련장으로 활용되고 있어 해양 생태계와 생물을 관찰하고 체험하는 학습장으로도 사용되고 있다.

인천 소래 갯벌 해양 탐구 학습장

갯벌의 경제적 가치

1997년 영국의 과학전문지인 〈네이처(Nature)〉는 농사를 짓는 농경지의 가치보다 갯벌의 생태적 가치가 약 100배 이상이라고 평가하여 발표한 적이 있다.

우리나라는 그 이전인 1993년에 환경부가 한국의 갯벌 가치를 〈네이처〉가 발표한 것보다 2배 이상 높은 가치가 있는 걸로 평가·발표하였다. 이는 우리나라의 갯벌이 수산물의 생산과 어패류의 서식지로의 가치가 외국보다 높게 평가되었기 때문이다. 이렇게 풍부한 갯벌의 가치는 갯벌을 보존·관리해야 하는 중요한 이유가 된다.

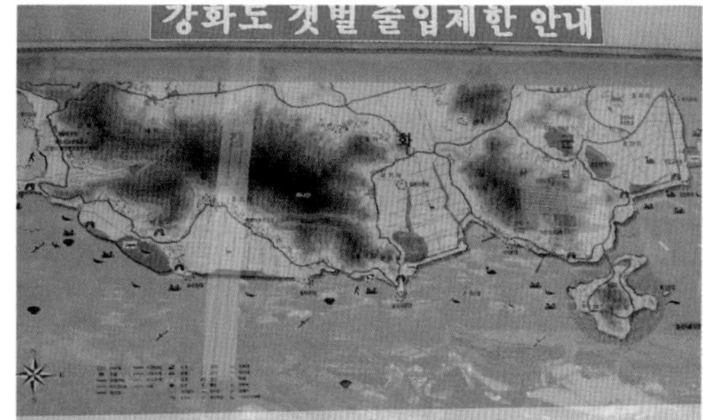

강화도 남단 갯벌에 대한 출입 통제 안내

강화도 택지돈대에서 본 갯벌

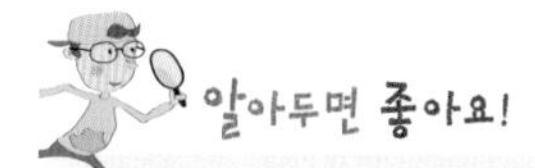

● **세계의 5대 갯벌** : 우리나라의 서해안 갯벌, 캐나다의 동부 해안, 미국의 동부 해안, 덴마크·독일·네덜란드의 북해 연안, 남아메리카의 아마존강 유역을 일컫는다.

2 갯벌에는 무엇이 살까?

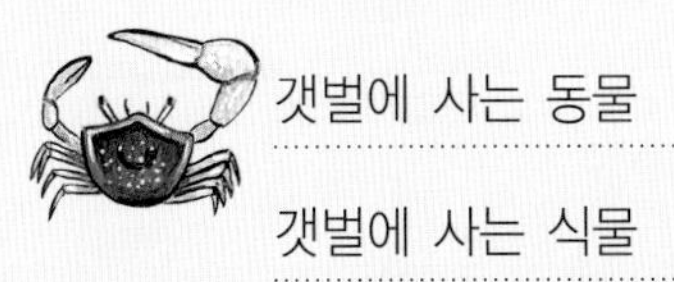

갯벌에는 매우 다양한 생물들이 살고 있고 이들은 갯벌에서 필요한 먹이를 먹고 산다. 크기가 아주 작아서 우리 눈으로 관찰하기 힘든 생물에서부터 길이가 2m가 넘는 갯지렁이까지 있다.

갯벌에서 많이 볼 수 있는 생물 중에서 동물이 90% 이상을 차지하는데, 조개나 고둥(연체 동물), 갯지렁이(환형 동물), 게(절지 동물) 등이 있다. 이밖에도 맛(완족 동물), 가시닻해삼(극피 동물), 말미잘(자포 동물) 등이 지역에 따라 살고 있다.

앞으로 소개되는 갯벌에 사는 동 · 식물은 우리가 갯벌에서 쉽게 관찰할 수 있는 종류들이다.

무리지어 사는 총알고둥

측해변말미잘과 풀색꽃해변말미잘

갯벌에 사는 동물

덩치가 큰 개조개

지구상에 살고 있는 생물들은 진화를 거듭하여 현재의 모습을 지니게 되었고 지금과 같은 환경에서 살게 된 것이다. 이런 생물들은 진화가 어떻게 되었는가에 따라 분류하는데 육지에서 살고 있는 동물들도 처음에는 바다에서 살았다고 한다.

갯벌에서 흔히 관찰할 수 있는 동물은 크게 연체 동물, 절지 동물, 환형 동물로 구분되는데, 척추가 없는 무척추 동물이 대부분이다.

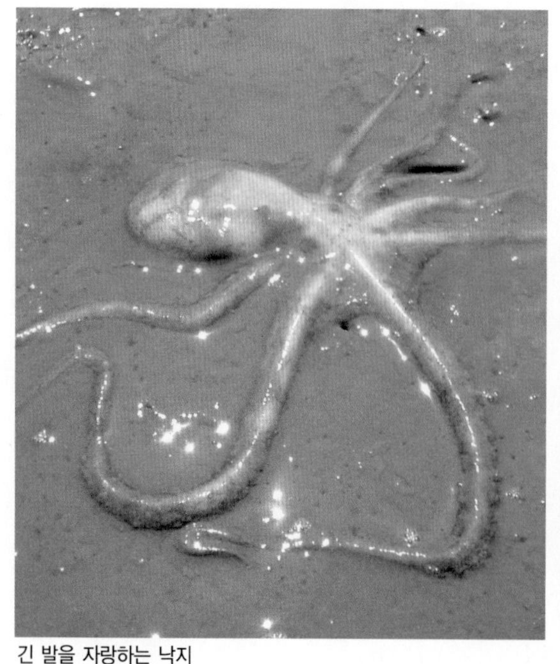
긴 발을 자랑하는 낙지

둥근얼룩총알고둥

연체 동물

흔히 보는 고둥, 조개, 낙지 등이 연체 동물에 포함된다. 연체 동물은 몸에 뼈가 없어 부드러우며 마디가 없고, 물렁물렁한 근육질이다. 부드러운 속살에 해당하는 연체부를 패각이라는 딱딱한 껍질로 보호한다.

고 둥

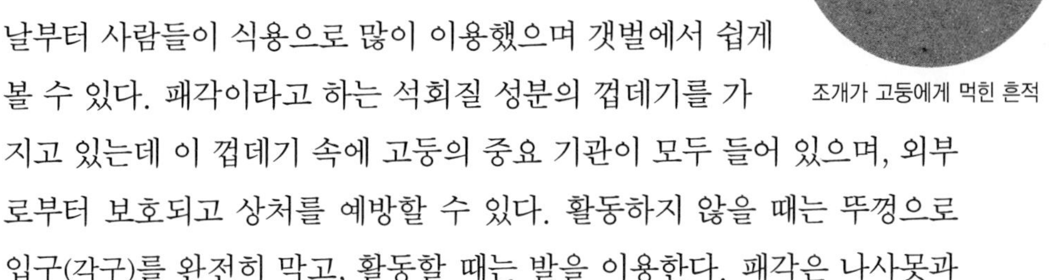
조개가 고둥에게 먹힌 흔적

일반적으로 비틀어진 모양의 껍데기를 가지고 있다. 옛날부터 사람들이 식용으로 많이 이용했으며 갯벌에서 쉽게 볼 수 있다. 패각이라고 하는 석회질 성분의 껍데기를 가지고 있는데 이 껍데기 속에 고둥의 중요 기관이 모두 들어 있으며, 외부로부터 보호되고 상처를 예방할 수 있다. 활동하지 않을 때는 뚜껑으로 입구(각구)를 완전히 막고, 활동할 때는 발을 이용한다. 패각은 나사못과 같이 생긴 나선 모양의 층(나층)으로 되어 있어 권패류라 한다.

고둥은 연체 동물 중에서도 가장 많은 종류가 있으며 세계에 널리 분포한다. 바위나 돌에 붙어 사는 파래와 같은 해조류를 주로 먹이로 하나, 조개를 잡아먹는 것도 있다. 조개를 잡아먹을 때는 혀와 같은 치설(혀 이빨)로 조개의 인대쪽에 구멍을 뚫어 조개의 뚜껑이 열리게 한 후 속살을 먹는다.

뚜껑이 둥근 눈알고둥

눈알고둥 살펴보기

껍데기의 크기는 대략 높이가 약 2.5cm, 지름이 약 3cm 정도에 달한다. 낮은 원뿔형으로 4~5개의 나층이 있으며 꼭대기는 평평하다. 겉껍데기는 황갈색이 도는 녹갈색이며, 표면에는 울퉁불퉁한 작은 과립으로 된 나선이 둘러져 있다. 뚜껑은 두껍고 단단하며 반구형 형태이다. 이 뚜껑을 닫고 들어가면 마치 입구에 사람 눈이 붙어 있는 것처럼 보이기 때문에 '눈알고둥'이라 이름지어졌다.

눈알고둥이 사는 곳

바위나 자갈에 주로 붙어 산다. 뚜껑에는 폭이 넓은 발이 붙어 있고, 발의 근육질이 늘어났다 줄어들었다 하는 수축 방법을 통하여 이동한다. 외부에서 위험을 느끼면 껍데기 속으로 몸을 움츠리고 들어가 뚜껑을 닫는다. 갯벌 표면의 미세 조류 등의 유기물을 먹고 산다.

입구가 사람의 눈같이 생긴 눈알 고둥

무리를 지어 있는 눈알고둥

단추 모양의 서해비단고둥

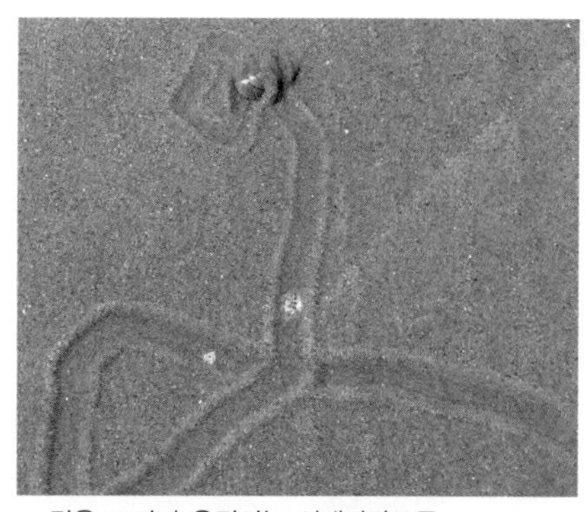
그림을 그리며 움직이는 서해비단고둥

서해비단고둥 살펴보기

밖으로 약간 볼록한 원뿔형으로 작고 납작하며 껍데기는 두텁고 단단하다. 크기는 지름이 약 1.0~1.5cm 정도이며, 껍데기인 패각을 돌아 감고 있는 나선모양의 나층 수는 5~6개이다.

패각 표면은 황백색 바탕에 황갈색의 비단같이 아름다운 섬세한 물결무늬가 있고 윤이 난다. 껍데기 안의 입구 쪽은 광택이 나는 흰색을 띠며 얇은 뚜껑으로 덮여 있다.

서해비단고둥이 사는 곳

서해안 갯벌에서 흔히 볼 수 있으며 모래가 많이 섞인 갯벌 위에서 무리지어 산다. 환경 변화로 인해 모래 갯벌로 변하고 있는 강화도 여차리 갯벌에는 엄청난 수의 서해비단고둥이 서식하고 있다. 이들은 갯벌 위를 기어다니면서 갯벌 표면의 미세 조류 등의 유기물을 먹고 산다.

서해비단고둥의
입구쪽 모습

가로줄 무늬의 보말고둥

보말고둥 살펴보기

껍데기는 두껍고 단단하게 생겼으며 고둥의 일반적인 특징인 원뿔형이다. 진한 쑥색에 가까우며 검은색의 굴곡진 가로줄이 발달되어 있다. 특히 세로줄 무늬는 외형이 비슷한 눈알고둥이나 울타리고둥과 구분하는 특징이 된다.

보말고둥의 입구쪽 모습

보말고둥이 사는 곳

바위나 자갈이 있는 갯벌에서 바위나 자갈에 붙어 살며, 주로 해조류를 뜯어 먹고 산다.

보말고둥의 껍데기 표면

갯벌의 청소부 왕좁쌀무늬고둥

먹이를 먹고 있는 왕좁쌀무늬고둥

왕좁쌀무늬고둥 살펴보기

껍데기는 두껍고 단단하며 전체 길이가 1.0~1.5cm인 원뿔형의 긴 껍데기를 가지고 있다. 이름처럼 겉표면에 좁쌀 모양의 돌기가 일정한 간격으로 돋아 있는 것이 특징이다.

나선 모양의 나층은 6~8개이고, 꼭지는 뾰족하다. 껍데기의 색깔은 갯벌과 같은 짙은 흑갈색이거나 흑백색이 많다. 뚜껑이 있는 안쪽 색깔은 회백색이다.

왕좁쌀무늬고둥이 사는 곳

우리나라의 갯벌 어디에서나 흔히 볼 수 있으며 가끔 자갈밭이나 약간 수심이 깊은 곳에서도 발견된다. 죽은 생물을 먹어 치워 갯벌 생태계에서 청소부 역할을 한다. 갯벌 표면을 기어 다니다가 죽은 시체를 발견하면 빠른 속도로 수십 마리의 왕좁쌀무늬고둥들이 모여들어 서로 경쟁하듯이 먹어 치워 앙상한 뼈만 남긴다.

왕좁쌀무늬고둥의 껍데기 표면

민물우렁이와 비슷한 갯우렁이

갯우렁이 살펴보기

껍데기는 높은 원뿔형으로 4개의 나층으로 이루어졌으며 길이는 3.5~4.5cm 정도이다. 민물에 사는 우렁이와 비슷하며 전체적으로 엷은 회색을 띤다. 뚜껑은 짙은 갈색의 각질로 덮여 있고, 윗부분이 뾰족하다.

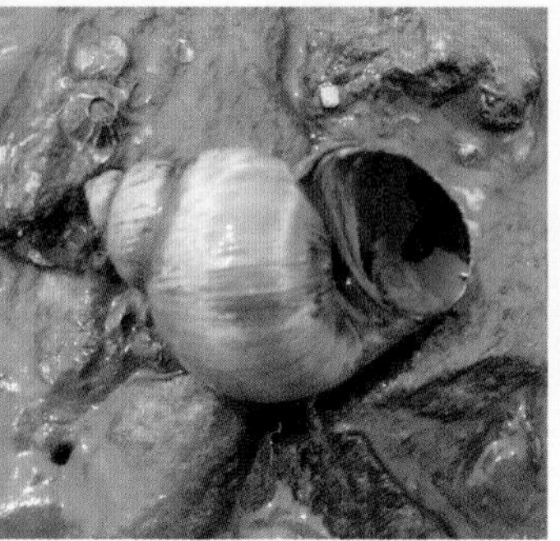
갯우렁이의 입구쪽 모습

발 근육을 드러낸 갯우렁이

갯우렁이의 껍데기 모습

갯우렁이가 사는 곳

모래가 많은 갯벌이나 수심이 깊은 갯벌 아래쪽에서 살며, 조개류를 잡아먹는다. 잘 발달한 넓적한 발 근육으로 조개를 감싸 안아 껍질이 잘 뚫리도록 산성액을 분비한 후, 혀의 일종인 치설이라는 혀 이빨로 인대쪽 껍질에 구멍을 낸다. 구멍을 낸 후 조개 뚜껑이 열리면 속살을 빨아먹는다. 그래서 갯벌에서는 구멍이 뚫린 조개 껍질을 많이 볼 수 있는데, 이런 이유로 조개 양식장에서는 해로운 갯벌 동물로 취급된다.

조개를 잡아 먹는 큰구슬우렁이

큰구슬우렁이 살펴보기

껍데기는 납작한 타원형으로 높이보다 폭이 훨씬 크다. 전체적으로는 단단하지만 입구쪽 가장자리가 얇고 날카로워 잘 부서지는 특징이 있다. 껍데기를 감아 올라간 나층은 5개인데 가장 아래층의 크기가 대부분을 차지하는 것이 갯우렁이와의 차이점이다. 어른 큰구술우렁이는 5cm가 넘는다.

큰구슬우렁이의 껍데기 표면

껍데기 표면은 갈색이며 매끄럽고 광택이 있으며 회백색의 나선 모양의 줄이 있다. 속살은 흰색이고 입구가 상당히 크다.

큰구슬우렁이 등에게 잡아먹힌 조개의 흔적(구멍이 뚫림)

큰구슬우렁이가 사는 곳

모래가 많은 갯벌이나 수심이 깊은 갯벌 아래에서 살며 조개류를 잡아먹는 포식자로 갯우렁이와 비슷한 생활을 한다. 잘 발달한 넓적한 발 근육으로 갯우렁이처럼 조개를 잡아 먹는다. 갯벌에 구멍이 뚫린 조개 껍질을 많이 볼 수 있는데, 그것은 갯우렁이나 큰구슬우렁이에게 잡아먹힌 조개들로 갯우렁이와 같이 해로운 갯벌 동물로 취급된다.

총알같이 생긴 **총알고둥**

총알고둥 살펴보기

이름에서 알 수 있듯이 모양이 총알같이 생겼다. 껍데기는 두껍고 단단하며 원뿔형으로, 나층 수는 6개이다. 나층은 울퉁불퉁하며 표면으로 명확하게 돌출되어 있다. 껍데기의 색깔은 다양하지만 바위나 자갈색과 비슷한 황갈색이 많다. 껍데기 입구의 전체적인 형태는 직사각형 모양이다.

총알고둥의 껍데기 표면

총알고둥이 사는 곳

갯벌 윗부분 바위틈에 모여 산다. 바위에 붙어 있는 녹조류, 해조류를 뜯어 먹는 초식성이다. 서해안 바위 어디에서나 발견되는 고둥으로 물기가 없는 건조한 상태에서도 오랫동안 매우 잘 견디는 특성이 있다.

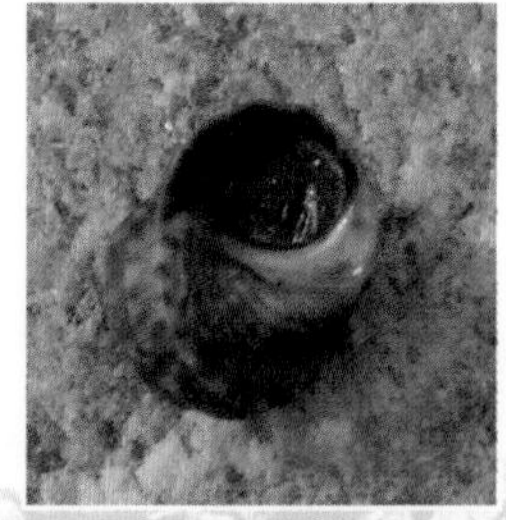
총알고둥의 입구쪽 모습

수십 마리의 총알고둥이 바위에 붙어 있는 모습

줄을 지어 이동하는 둥근얼룩총알고둥

둥근얼룩총알고둥 살펴보기

껍데기의 형태는 뾰족한 원뿔형이며 둥글게 부풀어 있다. 껍데기를 자세히 살펴보면 20여 개의 나선 모양이 있다. 껍데기 색깔은 갈색 바탕에 흰색 반점이 많은 것이 특징이며, 입구쪽은 옅은 녹색을 띤다.

둥근얼룩총알고둥이 사는 곳

바닷물의 영향을 받아 습기가 많은 바위 밑에 주로 모여 산다. 이동할 때는 철새가 줄을 지어 날듯이 이들도 줄을 지어 움직이는 것을 볼 수 있다. 주로 바위에 붙어 있는 녹조류 등을 먹고 산다.

줄을 지어 이동하는 둥근얼룩총알고둥

바위에 여러 마리가 함께 붙어 있는 둥근얼룩총알고둥

울타리 모양 무늬의 개울타리고둥

개울타리고둥 살펴보기

껍데기는 두껍고 단단하며, 크기는 대략 높이 3cm, 폭 3cm 정도의 둥근 원뿔형이다. 껍데기에는 나층을 따라 볼록볼록 튀어나온 것이 울타리 모양같이 생겨 개울타리고둥이라는 이름이 붙었다. 껍데기에는 흑색, 황갈색, 황백색 등을 띠는 무늬가 나 있으며, 입구 주변은 흰색으로 'ㄷ' 자 모양의 홈이 보인다.

벽에 붙은 해조류를 먹는 개울타리고둥

개울타리고둥이 사는 곳

갯벌의 윗부분이나 중간 부분의 바위 지역에서 습기가 있는 바위틈에 붙어 산다. 낮에는 햇빛을 피해 바위틈이나 그늘진 곳에 무리지어 살며, 바위에 붙어 있는 해조류를 먹고 산다. 서해안 어민들이 많이 잡아먹는 고둥 중에 하나이다.

개울타리고둥의 입구쪽 모습

개울타리고둥의 껍데기 표면

군것질거리인 댕가리

댕가리 살펴보기

껍데기인 패각은 탑 모양의 긴 원뿔형으로 가늘고 길며 나선 모양의 나층은 11개 정도이다. 나층에는 가늘고 긴 돌출된 점선들이 많고 층 사이에 흰 줄무늬가 있는 것이 특징이다. 댕가리의 입구는 작으며, 뚜껑 안쪽 주위의 색깔은 회백색을 띠고 있다.

댕가리의 껍데기 표면

댕가리가 사는 곳

갯벌의 위쪽인 만조대 근처의 모래나 진흙벌에 모여 산다. 잡식성이며 해초 등을 먹고 산다. 유원지나 공원 등에서 파는 뾰족한 부분을 자르고 입구쪽을 쪽쪽 빨아 먹는 소라에는 댕가리 종류가 많다.

댕가리 여러 마리가 기어다니는 모습

입구가 비틀어진 검정비틀이고둥

검정비틀이고둥 살펴보기

크기나 모양이 댕가리와 비슷하여 구분하기가 쉽지 않다. 몸의 크기는 대략 2.5㎝ 정도이며 긴 원뿔 모양이다. 껍데기 표면에는 약간씩 튀어 나온 작은 돌기가 많다.

댕가리와 가장 다른 특징은 입구가 조금 튀어나와 비틀어져 있으며, 꼭지 부위가 잘 떨어져 나가는 점이다. 입구는 댕가리에 비하여 넓고 둘레가 백합꽃같이 밖으로 퍼져 있다. 나층 사이에는 검은 갈색 줄무늬가 있다.

검정비틀이고둥이 사는 곳

갯벌의 위쪽인 만조대 근처의 모래나 진흙벌에 댕가리와 같이 모여 산다. 잡식성이며 해초 등을 먹고 산다.

갯벌에 널려 있는 검정비틀이고둥

살이 많은 갯고둥

갯고둥 살펴보기

껍데기의 길이는 약 3cm, 폭은 약 1.3cm로 댕가리보다 크다. 형태는 긴 원뿔형이며 두껍고 단단하다. 나층은 8개이고 표면에는 검은 띠가 있다.

전체 모양은 둥글고 크지만 뚜껑 부분 근처는 대체로 얇은 편이다. 입구 부분은 반원형이며 가장자리가 울퉁불퉁한 것이 특징이다. 입구 안쪽으로 흰색의 매끈한 층이 발달됐으며 뚜껑은 원형으로 얇고 갈색을 띠고 있다.

갯고둥이 사는 곳

갯벌의 위쪽인 만조대 근처의 모래나 진흙벌에 댕가리와 같이 모여 산다. 잡식성이며 해초 등을 먹고 산다.

갯고둥의 껍데기 표면과 입구쪽 모습

소라로 잘못 알려진 **피뿔고둥**

피뿔고둥 살펴보기

우리가 흔히 말하는 소라가 피뿔고둥이다. 껍데기를 빙빙 돌리고 있는 나층은 6개이며, 껍데기의 대부분을 차지하고 있다. 껍데기는 크고 매우 단단하며 나층에는 뾰족한 큰 돌기가 있다. 껍데기 입구는 넓으며 안쪽은 매끄럽고 주황색을 띠고 있다. 크기는 대략 높이 15 cm, 폭 12 cm 정도의 큰 고둥이다. 피뿔고둥의 껍데기는 낚지나 꼴두기를 잡을 때 쓰이기도 한다.

피뿔고둥이 사는 곳

갯벌 밑부분에서부터 깊은 곳까지의 모래펄이나 바위 지역 등에 널리 분포해 산다. 물 속을 기어다니면서 조개나 굴 등을 잡아 먹고 살아 양식장에 피해를 준다.

양식해서 잡은 피뿔고둥(소래 포구)

갈색 띠가 아름다운 갈색띠매물고둥

갈색띠매물고둥 살펴보기

껍데기는 갈색 또는 엷은 노란색을 띠며 매끄러운 모습이 아름답다. 굵은 갈색 띠와 전체적인 형태가 길쭉하고 뾰족한 것이 피뿔고둥과 구별하는 특징이 된다. 나층에 돌출된 돌기도 피뿔고둥보다 작다.

갈색띠매물고둥의 껍데기 표면

갈색띠매물고둥의 입구쪽 모습

갈색띠매물고둥이 사는 곳

갯벌 아랫부분인 하부에서부터 깊은 곳까지의 모래와 자갈이 혼합된 펄이나 바위 지역 등에 널리 분포해 산다. 물 속을 기어다니면서 조개나 굴 등을 잡아 먹고 살아 양식장에 피해를 준다.

쓴 맛이 나는 대수리

대수리 살펴보기

껍데기 표면에 있는 나층에 돌기들이 가로로 둥글둥글 줄지어 있으며, 껍질은 갈색이다. 가장 큰 특징은 껍데기 입구 가장자리에서 안쪽으로 세로의 검은 줄무늬가 있는 것이다. 껍데기의 크기는 높이가 4cm, 폭은 3cm 정도이다.

대수리가 사는 곳

갯벌 윗부분이나 중간 부분의 바위 지역 틈 사이에 밀집하여 산다. 단단한 치설(혀 이빨)로 조개 껍데기를 뚫어 조개 등을 잡아 먹고 산다.

여름에 노란 알주머니를 바위 아랫부분에 붙어서 낳는다.

식용으로 먹기도 하지만 쓴 맛이 있으며 많이 먹으면 설사를 한다.

대수리의 입구쪽 모습과
껍데기 표면

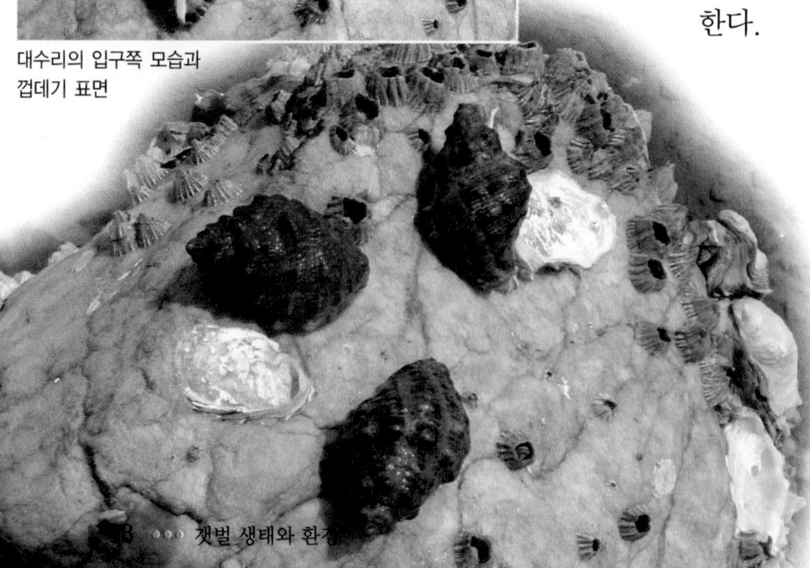

매운 맛이 나는 맵사리

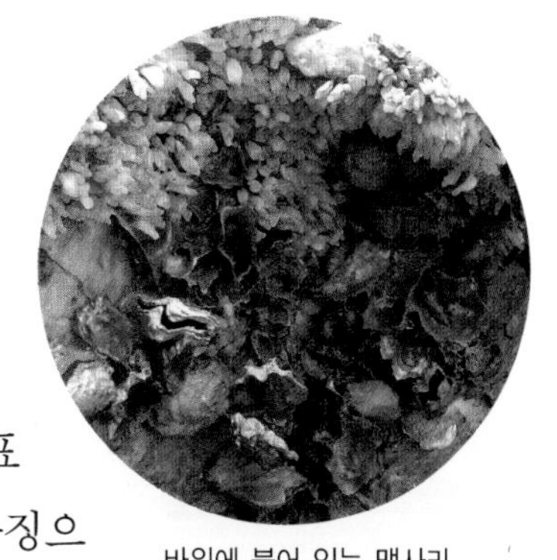
바위에 붙어 있는 맵사리 알의 모습

맵사리 살펴보기

껍데기의 크기는 대략 높이가 5cm, 폭이 3cm 정도이다. 껍데기는 매우 두껍고 단단하며, 황갈색에서 흰색까지 다양한 색상으로 덮여 있다. 껍데기 표면에는 암갈색의 세로로 난 주름이 3개 있는 것이 특징으로 대수리와 구분된다. 껍데기 안쪽으로는 보라색을 띤다.

맵사리의 껍데기 표면

맵사리의 입구쪽 모습

맵사리가 사는 곳

갯벌 윗부분이나 중간 부분의 바위 지역 틈 사이에 밀집하여 산다. 단단한 치설로 조개 껍데기를 뚫어 조개, 굴 등을 잡아 먹고 산다.

삶아서 먹으면 맛은 있지만 약간 매운맛이 나고 너무 많이 먹으면 배가 아프기도 한다.

벌레같이 생긴 털군부

털군부 살펴보기

군부류의 특징은 등쪽에 총 8개의 껍데기들이 기왓장처럼 차곡차곡 쌓여 있는 모양을 하고 있다. 그 중에서 털군부는 껍데기 가장자리에 18개 정도의 털 다발이 붙어 있다. 징그러운 벌레같이 생긴 털군부의 색깔은 주로 녹색을 띠지만 펄이 묻어 실제 색깔을 확인하는 것이 거의 불가능하다. 바위에서 떼어 내면 몸을 움츠려 동그랗게 말아버린다.

굴 껍데기에 붙어 있는 털군부

털군부가 사는 곳

갯벌의 바위나 자갈 틈새에 붙어 살며 흔히 볼 수 있다. 바위나 자갈에 붙어 있는 작은 해조류를 먹고 자란다.

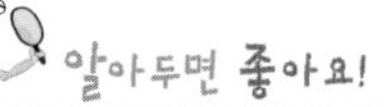

- **피뿔고둥, 맵사리, 대수리, 댕가리 등 고둥종류를 관찰하려면** : 충청남도 석운면에 위치한 장고항 갯벌, 교로리 갯벌에 가면 쉽게 볼 수 있다. 이곳은 돌에 굴 껍질이 많이 붙어 있으므로 다리나 손에 상처를 입지 않도록 조심해야 한다. 그리고 일출과 일몰을 동시에 볼 수 있는 왜목마을도 유명하다.

조 개

연체 동물 부족류의 총칭으로 이매패류라고도 한다. 이매패류는 일반 조개에서 볼 수 있듯이 2개의 껍데기인 패각을 갖고 있는 것을 말한다. 대개 패각을 여닫기 위해 몸의 전후에 단단한 패각근(조개를 먹고 난 후 껍질 양쪽에 붙어 있는 동그랗고 쫄깃한 근육) 한 쌍이 있으며, 양 각은 등쪽에서 인대로 연결되어 연체부를 싸고 있다.

패각 속에서 나온 근육질의 발로 이동하며, 수관을 이용해서 먹이활동을 한다. 수관은 조개에게 생명을 유지시켜 주는 중요한 기관으로 입수관(입의 역할)으로 물을 빨아들여 출수관(항문의 역할)으로 내뱉는다.

현재까지 우리나라에서 사는 것으로 알려진 이매패류에는 대략 250여 종이 있으며 대부분의 조개류는 모래나 펄 속에서 산다.

수산시장에서 팔리는 조개들

바위틈에 붙어 있는 **담치류**

담치류 살펴보기

껍데기 크기는 대체로 1.5cm~2cm 정도이며 모양은 삼각형으로 담흑색의 광택이 난다. 표면에는 여러 개의 가로선이 있다.

담치류가 사는 곳

갯벌 윗부분의 바위, 돌, 목재 등에 무리를 지어 빽빽하게 붙어서 산다. 담치류는 몸에서 내는 실 모양의 분비물인 족사를 이용하여 바위 등에 붙어 사는데, 족사는 해수면에 닿으면 단단해져 껍데기를 부착시킨다. 담치류는 바위에 붙어 바닷물의 부유물을 걸러 먹고 산다.

바위에 빽빽하게 붙어 있는 담치류

껍데기에 나이테가 있는 동죽

동죽 살펴보기

바지락이나 가무락조개와 같은 다른 조개에 비해 껍데기가 불룩한 둥근 삼각형 모양의 조개이다. 껍데기의 색깔은 대체로 희고 가장자리로 갈수록 줄무늬 모양의 성장테가 뚜렷해지면서 갈색을 띤다. 다 자란 동죽의 맨 가장자리는 진한 황갈색이다.

보통 껍데기 안쪽은 흰 광택이 있다. 껍데기 크기가 큰 것은 6cm를 넘기도 하지만, 3년 정도 지나면 대체로 4cm 정도의 크기가 된다. 식용으로 가장 적당하고 맛있는 것은 3~4년 정도 자란 것이 좋다.

갯벌 속으로 들어가려는 동죽

동죽이 사는 곳

모래가 많이 섞인 혼합 갯벌에서 주로 산다. 보통 5cm 정도의 얕은 흙 속에서 다른 조개와 마찬가지로 입수관만을 내 놓고 물 속의 유기물을 걸러 먹으며 산다.

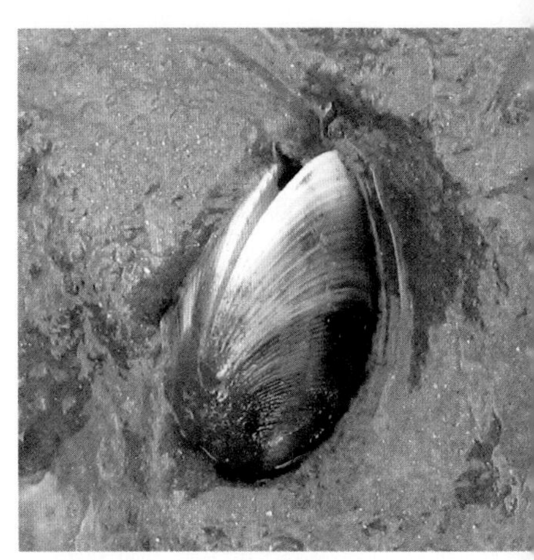

갯벌 속으로 반 정도 들어간 동죽

성장은 봄에 왕성하고, 산란기 이후 여름과 가을은 성장이 둔화되는 시기이며, 겨울은 성장이 멈추는 시기로 연중 3회의 성장 특성이 있어 껍데기에 성장테가 뚜렷하게 표시된다.

시원한 칼국수 맛을 내는 **바지락**

바지락 살펴보기

갯벌과 우리 식탁에서 가장 많이 볼 수 있는 조개이다. 좌우 형태가 같고 납작하며 둥근 타원형이다. 앞 끝은 좁고 얇으며 뒤쪽 부분으로 갈수록 넓고 두꺼운 패각을 가진 조개이다. 완전히 자라면 4cm 정도의 크기이다. 암갈색, 회적색, 암청색 등 색상이 다양하며 패각 표면에 매우 다양한 얼룩 무늬나 점들이 있는 것이 특징이다.

바지락의 앞쪽 모습

바지락의 인대쪽 모습

패각의 안쪽은 흰색이며 껍질의 꼭지점에서 가장자리로 뻗는 선과 가로 방향의 성장테가 맞물려 그물 모양의 줄무늬가 있다.

바지락이 사는 곳

갯벌의 중간 부분과 아랫부분에서부터 서식하며, 뻘이 많은 자갈 바닥에 많다. 깊이 4~8cm의 흙 속으로 파고 들어가 퇴적물 표면에 입수관을 열어 놓고 생활하는데, 밀물이 되면 수관을 통해 먹이를 걸러서 섭취하고 썰물이 되면 수관을 움츠린다. 바닷물을 여과하여 정화시키는 역할을 하는 바지락은 서해안에 양식장이 많고, 갯벌 개발로 인해 양식장을 개방하여 누구나 가서 바지락을 잡을 수 있는 곳도 많다.

갯벌에서 바지락을 캐는 모습(충청남도 당진의 한진 갯벌)

껍데기가 검은 가무락조개

가무락조개 살펴보기

껍데기의 전체 모양은 원형을 이루며, 위쪽의 꼭지가 약간 구부러져 있다. 표면에는 가늘고 둥근 성장선들이 규칙적으로 섬세하게 드러나 있다.

모시조개라고도 하며, 껍데기가 검다고 하여 가무락조개라고 한다.

가무락조개의 앞쪽과 인대쪽 모습

가무락조개가 사는 곳

모래가 많이 섞인 혼합 진흙 펄에 10cm 정도의 깊이에서 산다. 다른 조개와 마찬가지로 입수관만을 내 놓고 물 속의 유기물을 걸러 먹으며 산다.

방금 잡은 가무락조개

가무락조개를 잡는 할머니

꽃 이름과 같이 향기 좋은 백합

백합 살펴보기

껍데기는 왼쪽과 오른쪽 모양이 다르고, 짧고 둥근 삼각형이며 껍질이 매우 두껍다. 껍데기의 길이는 8cm, 폭은 4cm 정도이다.

껍데기 표면에는 성장테가 드러나 있지만 명확하지 않다. 껍데기 표면은 매끄러우며 연한 갈색 바탕에 진한 갈색 무늬가 아름다운 것이 특징이다.

백합의 앞쪽과 인대쪽 모습

껍데기 안쪽은 흰색을 띠고, 두 개의 껍데기를 잇는 인대는 검은색이며 약간 튀어 나온 것이 특징이다. 고급 요리에 사용되며 백합죽으로 유명하다. 큰 백합조개 껍데기로 고급 바둑돌을 만들기도 한다.

백합이 사는 곳

모래와 진흙이 섞여 있는 혼합 갯벌에 주로 산다. 다른 조개와 마찬가지로 입수관만을 내 놓고 물 속의 유기물을 걸러 먹으며 산다.

비단같이 아름다운 무늬가 있는 민들조개

민들조개 살펴보기

전체적인 껍데기 모양은 삼각형 형태이며 바지락에 비해 납작하다. 껍데기는 단단하며 매끄럽고 광택이 난다. 껍데기 표면 색상은 주로 미색 또는 연한 갈색 등 다양한 색상을 띠고 있다. 표면을 자세히 살펴보면 나무의 나이테와 같은 성장선이 불규칙하게 나타나 있다. 또한 두 개의 껍데기를 잇는 인대쪽에서 앞쪽으로 진한 갈색의 방사형 줄무늬가 있는 것이 특징이다. 이 방사형 줄무늬는 껍데기 앞쪽으로 갈수록 점점 넓어진다.

민들조개가 사는 곳

우리나라 사람들이 가장 많이 먹는 조개가 바지락이다. 그런데 바지락은 모래와 자갈이 섞인 서해안의 혼합갯벌에서 많이 나고, 동해안에는 거의 없다. 동해안의 맑은 물과 깨끗한 모래 속에도 바지락과 비슷한 조개가 있다. 그것이 바로 민들조개이다. 민들조개는 동해안 해수욕장 근처의 모래 속에 많이 자라고 있어 여름철에 피서객들이 발바닥으로 더듬어 잡기도 한다. 다른 조개와 마찬가지로 수관만을 빼 놓고 물 속의 유기물을 걸러 먹으며 산다.

민들조개의 껍데기 모습

잔칫상에 올리는 꼬막

꼬막 살펴보기

껍데기의 형태는 볼록하며 17~18개의 방사선 모양의 줄이 있고 매우 단단하다. 껍데기 안쪽은 흰색이며, 속살이 특이하게 붉은 편이다. 두 개의 껍데기를 연결하는 인대는 검정색이며, 다른 조개에 비하여 넓다.

비슷한 모양으로 새꼬막이나 피조개가 있는데 이들과의 가장 중요한 차이점은 껍데기에 털이 없다는 것이다.

꼬막의 앞쪽과 인대쪽 모습

꼬막이 사는 곳

우리나라 서해안과 남해안에 널리 분포하며, 모래가 섞인 혼합 갯벌이나 펄 갯벌에 서식한다.

다른 조개와 마찬가지로 입수관만을 내 놓고 물 속의 유기물을 걸러 먹는다. 양식을 많이 하는 조개로 잔칫상에 많이 오르며, 살짝 익혀서 먹으면 쫄깃쫄깃하고 담백하다.

꼬막의 앞쪽 모습

털이 달린 새꼬막

새꼬막 살펴보기

꼬막과 피조개의 중간 크기로, 껍데기의 형태는 볼록하며 방사선 모양의 가로줄이 32줄 내외로 많은 편이다. 오른쪽 껍데기는 방사선 모양이 매끈하나 왼쪽의 방사선에는 과립이 있다. 껍데기의 표면은 주로 갈색이며, 방사선 모양의 가로선을 따라 오밀조밀하게 털이 보이는 것이 특징이다.

새꼬막의 인대쪽 모습

새꼬막이 사는 곳

우리나라 연안 펄 갯벌에 주로 서식한다. 다른 조개와 마찬가지로 입수관만을 내 놓고 물 속의 유기물을 걸러 먹으며, 여름에 산란한다.

꼬막의 앞쪽과 뒤쪽 모습

체액에 적혈구를 갖고 있는 피조개

피조개 살펴보기

꼬막들 중에서 가장 큰 종류로 다 자란 조개는 10cm 이상 되기도 한다.

껍데기는 볼록하고 다른 꼬막과 같이 방사선 모양의 세로줄이 40~44줄 정도이며 가로줄과 겹치면서 거친 과립을 형성하고 있다. 껍데기 전체가 갈색의 털로 덮여 있으며, 특히 앞쪽에는 많은 털이 있다.

피조개의 모습

피조개의 속살을 보면 사람과 같이 체액에 적혈구를 갖고 있어 혈액이 붉게 보이므로 피조개라 부른다.

피조개가 사는 곳

적당한 바닷물이 흐르는 깨끗한 펄 갯벌에 산다. 다른 조개와 마찬가지로 입수관만을 내 놓고 물 속의 유기물을 걸러 먹으며 산다.

식용으로 가치가 높아 양식을 많이하는 조개이다.

농촌에서 사용하는 키처럼 생긴 키조개

키조개 살펴보기

아주 큰 편에 속하는 조개이다. 껍데기는 특이한 모양으로 농촌에서 곡식 중에 섞여 있는 돌이나 모래 등 이물질을 걸러낼 때 사용하는 키 모양과 비슷하다. 꼭지에서 점점 넓어지는 형태를 이루고 있으며, 넓은 성장선들이 보인다. 색깔은 회색 바탕에 녹색의 광택이 나며 얇아서 끝부분이 잘 부서진다.

키조개가 사는 곳

진흙 갯벌에서 꼭지 부분을 박고 산다. 실 모양의 분비물을 내어 다른 물체에 붙어 사는데, 지금은 갯벌에서 발견하기 힘들며, 주로 양식을 하고 있다.

키조개의 껍데기 표면

흰색 옷을 입고 있는 **떡조개**

떡조개 살펴보기

껍데기의 전체 모양은 원형에 가까우며 깨끗한 회백색 바탕에 규칙적이고 세밀한 많은 성장선들이 약간 돌출되어 있다. 껍데기의 길이는 7cm 정도로, 외형이 납작한 형태를 이루고 있으며 인대가 있는 뒤쪽을 보면 옆으로 약간 꼭지가 구부러진 것이 특징이다.

떡조개의 인대쪽 모습

떡조개가 사는 곳

우리나라 서 · 남해안의 모래 갯벌에서 주로 살며 다른 조개와 마찬가지로 입수관만을 내 놓고 물 속의 유기물을 걸러 먹으며 산다. 속살 맛이 좋은 조개이다.

떡조개의 앞쪽과 뒤쪽 모습

껍데기가 얇은 민챙이

민챙이 살펴보기

껍데기는 얇고 반투명하여 없는 것같이 보이며 깨지기 쉽다. 속살에 해당하는 연체부가 커서 내장의 일부분만 껍데기 속에 있고 항상 외부에 노출되어 있다. 몸 길이는 대략 3~4cm이고 색깔은 엷은 노란색이나 흰색을 띤다. 표면은 매끄럽고 가로와 세로선이 희미하게 표시되어 있으며, 뚜껑이 없는 것이 특징이다.

특히 몸 속에서 체액을 분비하기 때문에 만져보면 끈적거리는 액체가 손에 묻는다. 이 체액은 주위의 펄을 몸에 묻혀 위장하는 역할을 한다.

껍데기가 거의 없는 민챙이

민챙이가 사는 곳

진흙이 많고 물기가 많은 모래 갯벌 표면에서 산다. 먹이를 섭취할 때는 머리를 갯벌 흙 속으로 파고들어가 갯벌 흙 속의 미세 조류나 유기물을 이빨에 해당하는 치설로 갉아서 먹는다.

썰물 때 갯벌 위로 나와 움직이며 먹이를 섭취하고, 밀물이 되어 갯벌에 바닷물이 들어오면 갯벌 흙 속으로 들어가 다른 동물에게 잡아 먹히는 것을 피한다.

5~6월경에 갯벌 표면에서 달걀 모양같이 생기고 물컹물컹한 액체 덩어리를 많이 볼 수 있는데 이것이 민챙이 알 덩어리이다. 조수에 떠내려가지 않도록 발 같은 것을 갯벌 속에 파묻는다.

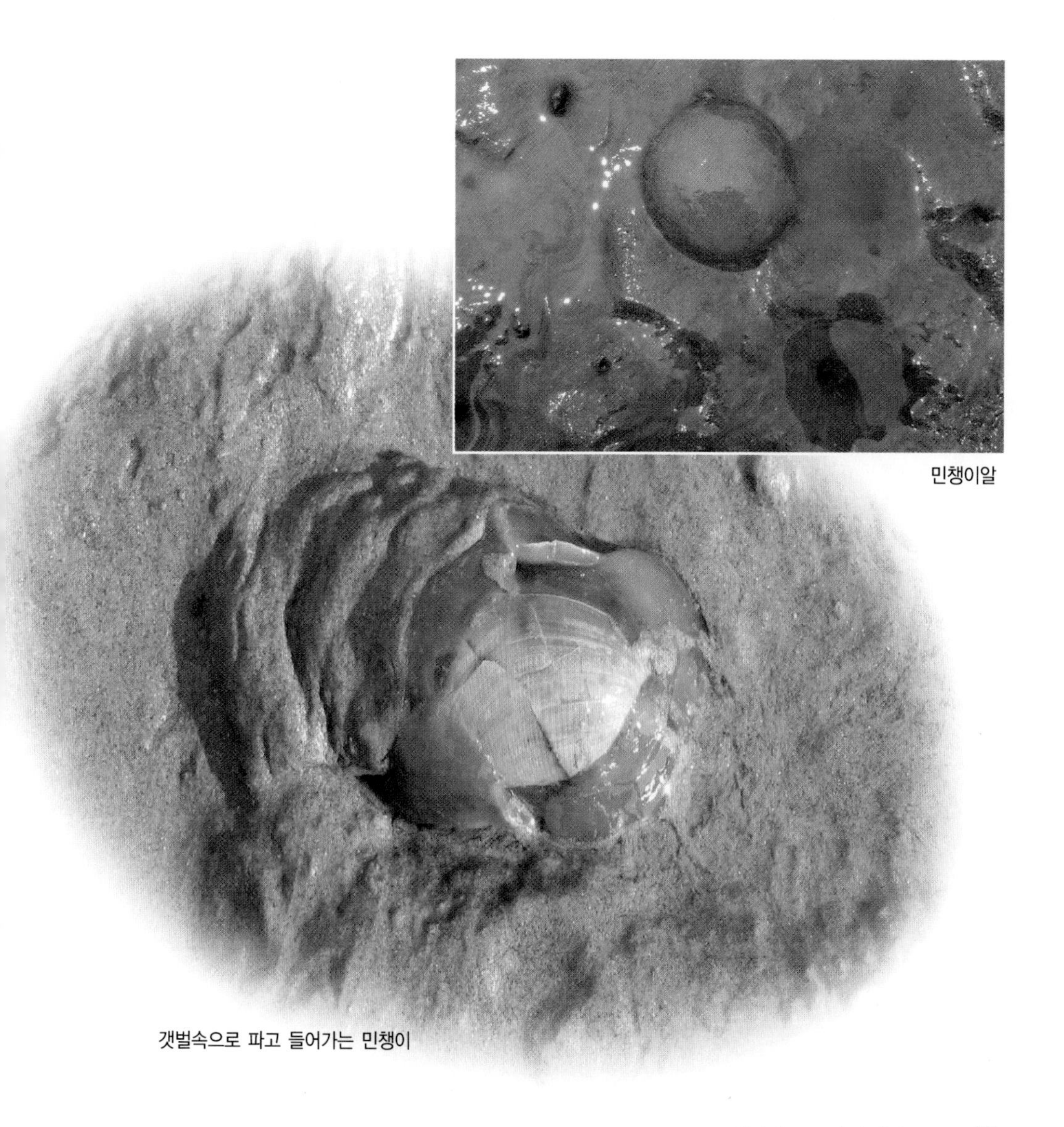

민챙이알

갯벌속으로 파고 들어가는 민챙이

황백색 줄무늬가 많은 개조개

개조개 살펴보기

다른 조개에 비해서 큰 편에 속한다. 껍데기는 두껍고 단단하며 성장선이 표면에 불규칙하게 나타나 있다. 색깔은 황백색으로 광택이 없으며 껍데기 안쪽은 흰색이지만 성장함에 따라 자주색을 띤다.

개조개의 인대쪽 모습

개조개가 사는 곳

모래나 자갈이 섞인 진흙 펄에 살며, 다른 조개와 마찬가지로 입수관만을 내 놓고 물 속의 유기물을 걸러 먹으며 산다. 속살 맛이 좋아 식용으로 많이 사용된다.

개조개의 앞쪽 모습

소금을 넣으면 쏙 튀어나오는 맛조개

맛조개 살펴보기

조개 중에서 가장 길쭉하게 생겼으며, 길이는 최고 12cm 정도로 원통형이다. 껍데기는 전체적으로 황갈색이나, 표면이 벗겨져 흰색의 안쪽 껍질이 드러나기도 한다. 안쪽은 광택이 나는 흰색이다. 비교적 얇은 껍데기는 깨지기 쉽고 표면에는 촘촘한 성장선이 있다.

껍데기를 연결하는 인대는 검은색으로 길게 연결되어 있다. 길쭉한 껍데기에서 볼록하게 생긴 앞쪽에는 근육질로 된 큰 발이 있어 구멍을 파고 들어가고 반대쪽인 뒤쪽에는 짧은 수관이 있다.

근육질을 이용하여 갯벌을 파는 맛조개(앞쪽)

몸이 반 이상 들어간 맛조개

맛조개가 사는 곳

모래가 많고 진흙이 약간 섞인 혼합 갯벌에서 주로 살며, 수심이 깊은 갯벌 아래쪽에 주로 산다. 잘 발달한 발 근육을 이용하여 최고 30cm까지 길쭉한 직선형의 구멍을 파고 그 속에서 산다.

갯벌에 물이 차면 구멍의 위쪽으로 올라와 입수관을 통해 물 속의 유기물을 걸러 먹고 산다. 구멍에 소금을 넣으면 위로 튀어나오는 성질을 이용하여 맛조개를 잡는다.

거의 모래 갯벌을 파고들어간 맛조개(뒤쪽)

주머니칼 모양의 가리맛조개

가리맛조개 살펴보기

껍데기는 가늘고 긴 사각형 모양으로 맛조개보다는 크기가 작으며 표면에는 성장선에 해당하는 주름이 여러 개 있다. 전체 모양이 등산이나 낚시할 때 가지고 다니는 주머니칼처럼 생겼다.

두 개의 껍데기는 속살을 완전히 덮지 못하여 주름진 두 개의 입 · 출수관과 속살이 껍데기 밖으로 노출되어 있다.

가리맛조개의 구멍 단면

다 자란 경우 껍데기의 크기는 9cm에 이른다. 비교적 얇은 껍데기 표면은 황갈색이며, 군데군데 검은색 표면이 있다. 꼭지 부분은 황갈색의 표피가 벗겨져 속껍질에 해당하는 회백색의 속껍질이 보인다.

가리맛조개가 사는 곳

모래가 약간 있는 펄 갯벌에서 40~50cm 깊이의 직선형 굴을 파고 서식한다.

바닷물이 들어오면 갯벌 위에 입수관을 내놓고 물 속의 유기물을 걸러 먹고 산다. 갯벌 표면에 8자 모양의 구멍이 있는데 이것이 가리맛조개의 구멍이다.

가리맛조개의 껍데기 모습

가리맛조개를 잡는 가족(해창 갯벌)

영양소가 듬뿍 들어 있는 굴

굴 살펴보기

껍데기 모양이 원뿔형 또는 가지 모양 등으로 매우 불규칙하고 변화가 심하다. 물살이 센 곳에서는 원뿔형의 모습이고, 진흙 속의 바위나 물살이 약한 곳에서는 가지 모양으로 길어진다.

물살이 약한 곳에 있는 바위에 붙어 사는 굴

껍질 표면의 성장선은 비늘 모양으로 거칠며, 황백색으로 자색의 줄무늬를 이룬다. 안쪽은 광택이 나는 흰색이다.

굴 껍데기 가장자리는 매우 날카로워 손과 발에 상처를 입히는 경우가 많으므로 조심해야 한다. 굴 종류에는 가시굴과 참굴 등이 있다.

바위에 붙어 서식하는 가시굴

굴이 사는 곳

전국 해안 어디서나 발견되며, 특히 서해안 낮은 바위 해안에 많이 분포하고 있다. 껍데기의 한쪽을 자갈이나 바위 등에 부착하고, 물 속의 플랑크톤 같은 유기물을 걸러서 먹고 산다. 영양 상태에 따라서 암컷과 수컷이 바뀌는 특성이 있는데 일반적으로 영양이 나쁘면 수컷이 된다고 한다. 굴은 식용으로 많이 쓰이므로 자연산보다 양식이 많다. 초겨울에 맛이 좋다.

바위에 삿갓을 올려놓은 듯한 둥근배무라기

둥근배무라기 살펴보기

바위에 무리지어 살며, 둥근 타원형을 하고 있다. 둥근 원뿔형의 꼭대기 부분에서부터 물결 모양으로 동심원이 나타나며, 세로로 뻗은 세로줄과 교차한다.

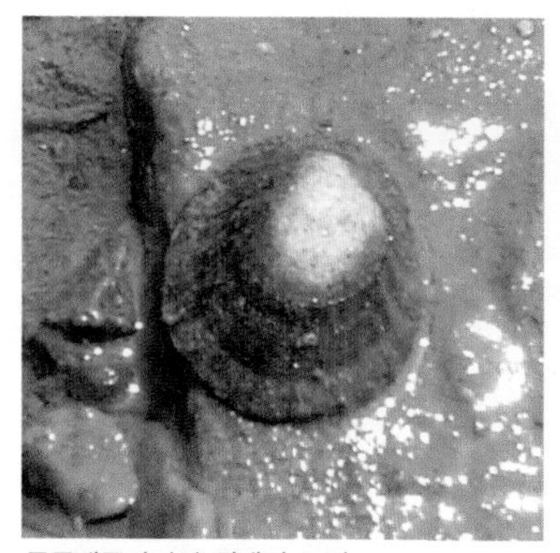
둥근배무라기의 껍데기 표면

둥근배무라기의 엎어진 모습

둥근배무라기를 엎어 보면 뚜껑이 없어 노란 속살이 전부 보인다. 껍데기 안쪽 입구 가장자리는 황갈색 무늬가 배열되어 있으며, 안쪽은 유백색을 띠고 있다. 껍데기의 색은 변화가 심하여 여러 가지로 나타난다.

둥근배무라기가 사는 곳

갯벌 윗부분에 있는 바위에 무리지어 붙어 산다. 바위 위에 붙어 있는 해조류를 혀와 이빨에 해당하는 치설로 갉아 먹고 산다.

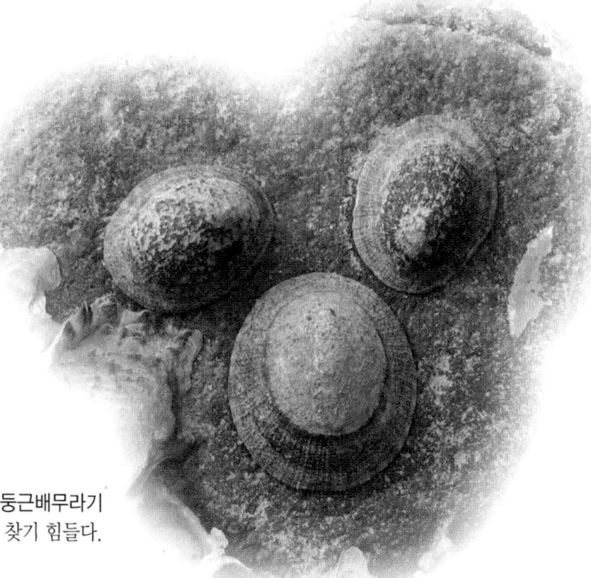
굴과 같이 붙어 있는 둥근배무라기
주위 환경과 비슷하여 찾기 힘들다.

낙지를 잡는 어부

두족류

머리, 몸통, 발의 세 부분으로 구분되는데, 발이 머리 부분에 붙어 있다고 하여 연체 동물 중에서 두족류 동물이라고 한다.

조개나 고둥같이 껍데기 속에 속살만이 있는 연체 동물보다 잘 발달된 머리와 눈을 가졌으며, 머리와 입 주위에 8개 또는 10개의 발이 있는 것이 특징이다. 몸은 좌우 대칭이며 피부에 색소 세포가 잘 발달해 있어 환경에 따라 몸 전체의 색깔이 변한다.

술안주로 좋은 낙지

낙지 살펴보기

머리와 몸통은 타원형이며 8개의 긴 다리를 가지고 있다. 큰 낙지는 머리에서 다리 끝까지가 80cm 정도로 가늘고 길다. 몸통과 다리 사이에 입과 눈이 있다.

몸을 자세히 살펴보면 거칠고 혹 같은 돌기가 나 있다. 피부는 미끈미끈하며, 다리에는 다른 물체에 붙을 수 있도록 빨판이 달려 있다. 몸의 색깔은 원래 회백색이나 주위의 환경에 따라 붉은색으로 변하기도 한다.

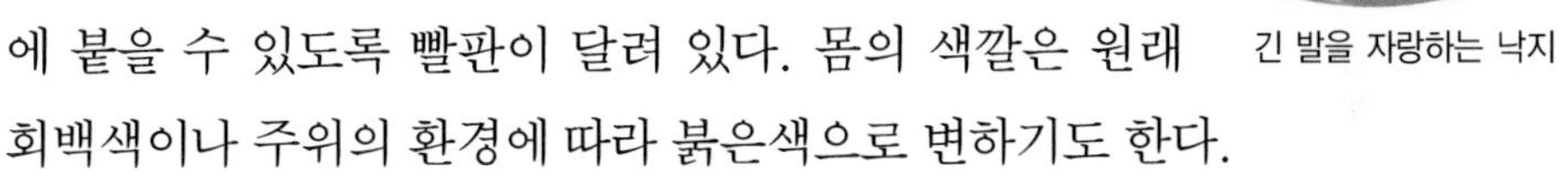

긴 발을 자랑하는 낙지

낙지가 사는 곳

갯벌 중간 부분이나 아랫부분의 돌 밑이나 모래 또는 펄 갯벌에 구멍을 비스듬히 뚫고 산다. 구멍의 깊이는 상당히 깊으며 1m 이상 되는 것도 있다. 주변의 1m 이내에 반드시 숨구멍을 뚫어 놓는다.

주로 밤에만 먹이를 잡아먹는 야행성이다. 먹이는 게, 고둥, 조개, 새우, 작은 어류 등 여러 가지가 있다.

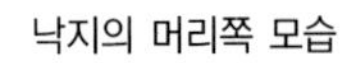

낙지의 머리쪽 모습

위장술이 뛰어난 주꾸미

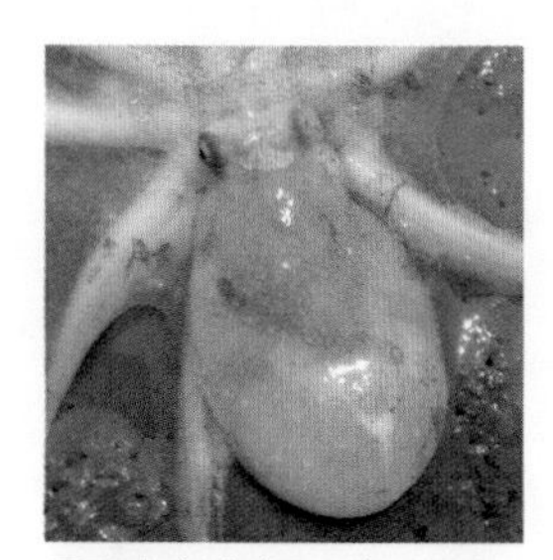
주꾸미의 머리쪽 모습

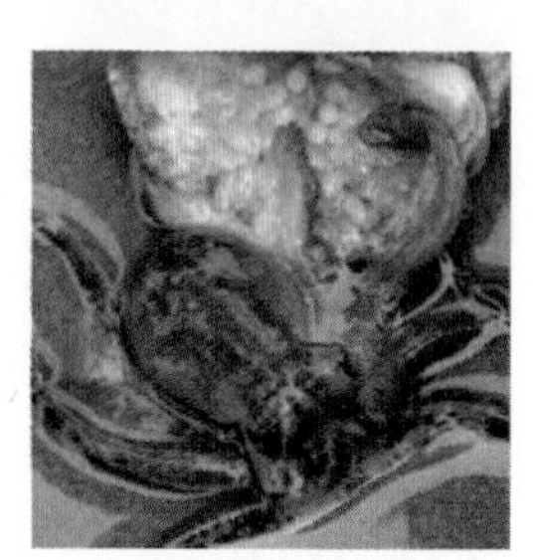
소라 껍질에 알을 낳은 주꾸미

주꾸미 살펴보기

낙지와 비슷하게 생겼으나 몸집이 작다. 몸 전체 길이가 20cm 정도이며 색깔은 회갈색 반점이 많으나, 주위 환경에 따라 변화가 심하다. 눈과 눈 사이에 긴 사각형 무늬가 있다. 양쪽 눈 아래를 자세히 살펴보면 차 바퀴 모양의 동그란 무늬가 있고, 색깔은 금색을 띠고 있다. 다리는 낙지와 같이 8개이며 길이는 거의 같다. 다리에는 다른 물체에 붙을 수 있는 빨판이 두 줄로 나 있다.

주꾸미가 사는 곳

갯벌 아래 밑부분에서부터 바위 틈이나, 수심 50m 내외의 깊은 펄 바닥에서 산다. 일반적으로 갯벌에서 발견하기는 좀 어렵다. 물이 빠져 밖으로 노출되면 모래를 파고 재빨리 숨는다. 수심이 얕은 바다에서는 소라 껍데기에 숨어 사는 경우가 많다. 이런 특성을 이용하여 어부들은 소라 껍데기를 여러개 끈으로 매단 것으로 주꾸미를 잡는다.

주꾸미의 전체 모습

절지 동물

사람이나 짐승, 어류 등은 몸 속에 뼈대를 가지고 있고, 그 뼈대 주위로 근육과 몸의 각 기관이 있다. 그러나 절지 동물은 바깥쪽에 딱딱한 껍질로 몸을 형성하고 마디마디로 나누어진 것이 특징이다. 딱딱한 몸은 성장하기 위하여 때때로 허물벗기를 한다.

게, 새우, 갯가재 등이 포함된다.

흰발농게

긴발가락참집게

게

밤게

갈게

게는 학술적인 분류로는 절지 동물문－갑각강－십각목(열 개의 발을 뜻함)에 속하는 동물로서 새우, 가재, 대하 등을 포함하는 갑각류 중에서 가장 분화된 동물이다.

머리와 가슴은 윗면이 한 장의 등껍질로 덮여 있으며, 여기에 7마디로 나누어진 배가 붙어 있다.

배는 근육이 퇴화되어 움직이지 못하므로 새우의 등처럼 운동기관으로서의 역할은 하지 못한다.

운동기관으로는 가슴에 붙은 다리가 있는데, 이 가슴다리는 5쌍이며, 제1가슴다리는 펄을 집어 먹거나 위협을 줄 때 쓰는 집게다리이고, 다른 4쌍의 다리는 걷거나 헤엄치는 데 쓰인다.

게는 전 세계에 4,500여 종이 알려져 있으며, 한국에는 180종이 분포한다. 그러나 갯벌에서 쉽게 관찰할 수 있는 것은 그리 많지 않다.

게는 물고기와 같이 잘 발달된 아가미로 호흡을 한다. 게들은 귀가 없어서 소리를 듣지 못하며, 일부 종은 다리 마디에 소리를 듣는 고막이 있기도 하지만 잘 듣지 못한다.

반면에 눈은 복안으로 다른 갑각류보다 시각이 무척 발달되어 움직임이 빠르고 잘 볼 수 있다.

게를 관찰하려면 구멍 근처에서 오랫동안 움직이지 않고 기다려야 구멍에서 나오는 것을 볼 수 있다.

먹이를 먹으러 나온 게

갯벌의 멋쟁이 붉은발농게

붉은발농게 살펴보기

갯벌에서 볼 수 있는 게 중에서 숫놈의 다리가 아름답게 생긴 게이다. 특히 수컷의 경우 집게다리의 크기가 서로 다른데 오른쪽 다리가 붉은색의 큰 집게다리인 것이 인상적이므로 '붉은발농게' 라고 한다. 그러나 암컷의 집게다리는 작고, 좌우 크기가 같다.

붉은발농게(수컷)

붉은발농게(암컷)

게의 등껍질을 갑각이라 하는데, 앞이 넓고 뒤가 좁은 사다리꼴 등껍질을 가지며, 갑각의 길이는 2cm 정도, 너비는 3cm 정도이며, 수컷은 집게다리의 길이가 5cm에 이른다. 갑각의 등면은 붉은 빛이 약간 있는 푸른색을 띠며, 울퉁불퉁한 돌기나 털다발이 없어 등껍질이 매끄럽고 광택이 난다.

붉은발농게가 사는 곳

갯벌의 윗부분 특히 염생 식물이 자라는 조금 딱딱한 갯벌 지역에서 주로 서식하며, 구멍을 파고 그 속에 들어가 산다. 물이 빠지는 썰물 때에 구멍 밖으로 나와 유기물이 많은 펄을 먹고 산다. 가끔씩 춤을 추듯이 큰 집게다리를 들어 올렸다 내렸다 하는데 이는 짝짓기를 하기 위하여 암컷을 유혹하는 표시이다.

붉은발농게의 군락지(소래 갯벌)

흰발을 자랑하는 **흰발농게**

흰발농게 살펴보기

갯벌의 개발로 서식지가 줄어들면서 개체수가 급격히 줄고 있는 게로 등껍질인 갑각의 길이는 약 1cm, 너비는 약 1.4cm이다. 갑각의 형태는 앞쪽이 넓고 뒤가 좁은 사다리꼴 모양이다. 등면의 가장자리가 앞뒤로 둥그렇게 기울어져서 원기둥의 곡면 같다.

암컷의 집게다리는 작고 대칭이며, 수컷의 집게다리는 한쪽이 다른 쪽에 비해 매우 커서 갑각 너비의 2배 이상 되는 것도 있다. 가장 큰 특징 중 하나는 큰 집게다리가 흰색이라는 점이며, 이 때문에 흰발농게라고 부른다. 갑각의 등면은 회백색 바탕에 검푸른 점 무늬가 있으며 매끄럽고 광택이 난다.

흰발농게

흰발농게의 수컷과 암컷

흰발농게가 사는 곳

갯벌 윗부분 중에서 모래가 섞이고 바닷물이 잘 들어오지 않아 약간 딱딱한 진흙벌 바닥에 수직으로 구멍을 파고 산다.

물이 빠지면 일제히 나와 갯벌 바닥의 표면을 긁어 먹어 유기물을 먹는다. 가끔 춤을 추듯이 큰 집게다리를 들어 올렸다 내렸다 하는데 이는 짝짓기를 하기 위하여 암컷을 유혹하는 사랑의 표시이다.

흰발농게의 군락지(소래 갯벌)

긴 안테나가 달린 칠게

칠게 살펴보기

서해안 갯벌에서 가장 흔하게 볼 수 있는 게로서, 등껍질인 갑각의 색깔은 짙은 녹색을 띠며 특히 집게다리는 하늘색, 분홍색, 주황색 등으로 다양하다. 눈자루가 다른 게보다 길어 안테나가 달린 것 같다. 등껍질인 갑각의 길이는 2.5cm, 너비는 4cm 정도로 가로로 긴 직사각형을 이루고 있다. 긴 눈이 들어가는 눈구멍의 아랫가장자리는 윗가장자리보다 많이 돌출됐다.

갑각에는 긴 털이 있는 과립선이 다리 쪽으로 세로로 2줄이 배열되었고, 중앙에 뚜렷한 세로 홈이 있다.

칠게의 앞면

양 집게다리는 서로 대칭이며, 수컷의 집게다리가 암컷보다 훨씬 크고 모양도 서로 다르다. 집게다리 끝부분인 손바닥은 안쪽으로 휘었고, 한 개의 큰 톱니가 안쪽으로 붙어 있다. 나머지 다리에는 길고 짧은 털들이 많이 나 있다.

칠게가 사는 곳

갯벌 윗부분과 중간 부분의 진흙 펄에 구멍을 파고 그 속에서 산다. 칠게들은 여러 마리가 모여 오밀조밀하게 집을 만들어 군집을 이룬다.

물이 빠지면 구멍에서 나와 집게다리를 이용하여 개흙을 입 속에 넣어 퇴적물에서 유기물을 골라 먹는다.

눈자루도 길고 시각이 매우 예민하여, 먼 곳에서 사람이 지나가도 사사삭 소리를 내며 재빨리 움직여 구멍으로 들어간다. 칠게 구멍은 깊어 손으로 잡기 힘들며 삽 등으로 파야 가능하다.

집게다리를 이용하여 펄을 집어 먹는 칠게

암놈을 유혹하는 칠게 집게다리를 올렸다 내렸다 한다.

길쭉한 사다리꼴의 길게

길게 살펴보기

개체수가 많지 않은 게로 등껍질인 갑각의 모양은 길이에 비하여 너비가 큰 매우 길쭉한 사다리꼴이다. 길이는 대략 1.5cm, 너비는 4cm 정도이다.

개흙을 먹고 있는 길게

등면에는 털이 없고 칠게와 달리 세로로 2줄의 과립선과 중앙에는 2개의 세로 홈이 있다. 양 집게다리는 대칭을 이루는데, 수컷의 집게다리가 암컷보다 훨씬 크고 모양도 서로 다르다.

집게다리는 분홍이나 주황색이며 날카로운 많은 과립들이 붙어 있다. 손바닥은 나사를 죄고 푸는 데 쓰는 연장인 스패너 모양으로 생긴 것이 특징이며, 칠게와는 달리 손바닥에 작은 톱니가 여러 개 붙어 있다.

길게의 앞면 집게다리에 돌출된 과립이 보인다.

길게가 사는 곳

모래가 섞인 진흙 바닥에 비스듬히 구멍을 파고 산다. 바닷물이 빠지면 밖으로 나와 유기물이 많은 개흙을 먹는다.

앞으로 걷는 밤게

밤게 살펴보기

2~3cm인 등껍질은 둥글고 매우 볼록한 모양이다. 등껍질의 전체 모양이 먹는 밤을 절반으로 쪼개 놓은 것 같은 모양이라 밤게라고 한다.

갑각의 색깔은 노란색을 띠며 표면에 볼록볼록한 작은 과립이 많이 산재해 있다. 눈은 매우 작고 양 집게다리는 같은 크기이다. 밤게가 앞으로 걸을 수 있는 것은 다리와 다리 사이가 넓어 앞으로 뻗을 수가 있기 때문이다.

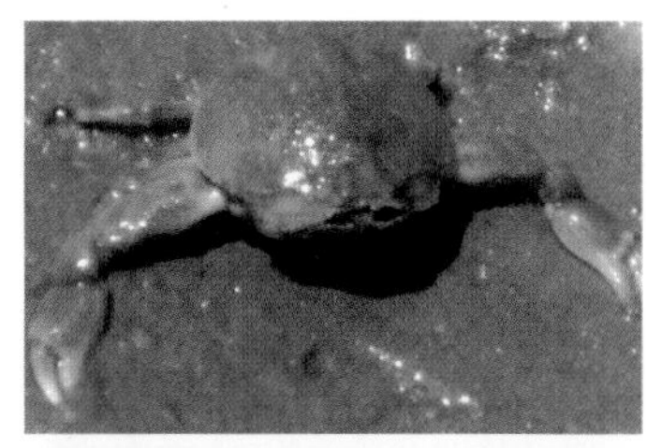

밤게의 앞면

짝짓기를 하는 밤게

밤게가 사는 곳

모래가 많은 혼합 갯벌 위에서 구멍을 파지 않고 산다. 행동이 다른 게에 비해 느리며, 죽은 생물을 뜯어먹고 사는 갯벌의 청소부 역할을 한다.

옆으로 기지 않고 집게다리를 비스듬히 들고 앞으로 걷는 특성이 있다. 행동이 매우 느려 건드리면 다리를 좌우로 뻗고 죽은 흉내를 내며 움직이지 않는데 이는 다른 동물에게 잡혀 먹지 않으려는 것이다.

앞으로 걷고 있는 밤게의 흔적

갯벌의 털보 세스랑게

세스랑게 살펴보기

등껍질인 갑각의 형태는 양 옆이 둥근 사각형을 이루고 있다. 갑각의 크기는 길이가 약 2cm, 너비는 약 3cm 정도로 등면은 볼록하고 작은 과립들이 많이 붙어 있다. 눈이 있는 앞쪽을 제외하고는 전체적으로 검은 털이 많이 나 있는 것이 특징이다. 털에 갯벌 흙이 많이 묻으면 발견하기 힘들다. 집게다리는 서로 대칭이며 수컷이 암컷보다 훨씬 크다. 걷는 다리 끝은 아주 날카로우며 붉은 빛을 나타낸다.

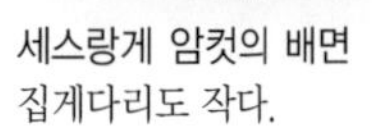

세스랑게 암컷의 배면
집게다리도 작다.

세스랑게가 사는 곳

진흙이 많은 펄 갯벌에 주로 살며 주위에 칠면초나 나문재와 같은 염생 식물이 많이 자란다. 구멍은 처음엔 나선형이었다가 직선모양이 되는 입구를 가지고 있으며, 집과 연결된 진흙 탑을 만드는 것이 특징이다. 물이 빠지면 구멍 밖으로 나와 개흙을 입에 넣어 퇴적물에 들어 있는 유기물을 골라 섭취한다.

세스랑게의 앞모습

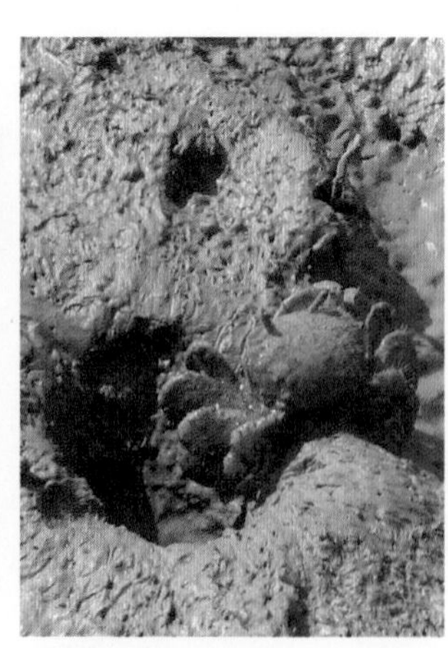

구멍에서 나오는 모습

통통하게 생긴 갈게

갈게의 앞모습

갈게 살펴보기

등껍질인 갑각의 모양은 가로의 길이가 약간 긴 사각형으로 길이는 약 2.5cm, 너비는 약 3cm 정도이다. 중앙부가 볼록 튀어 나온 형태이며 전체가 통통한 모양으로 갑각의 표면은 작은 과립이 있을 뿐 매끄럽다. 양 집게다리는 대칭이며, 수컷이 암컷보다 크다. 첫번째 걷는다리 끝부분에 털이 있을 뿐 전체적으로 매끄럽다.

갈게의 뒷모습

갈게의 가장 큰 특징은 눈 아래에 수컷은 43개 내외의 사각형에 가까운 과립들이 배열되어 있고, 암컷은 약 30개 정도의 작은 과립들이 있다는 것이다.

갈게가 사는 곳

갯벌의 윗부분 중에서 바닷물에 잠기는 시간이 적어 비교적 딱딱한 진흙 바닥에 구멍을 파고 산다. 봄에 주로 많이 잡히며, 간척지나 염전 등에서 많이 발견된다.

구멍 밖으로 나와 갯벌을 긁어 먹어 퇴적된 유기물을 걸러 섭취한다.

나문재 식물과 갈게

H자 무늬가 있는 풀게

풀게 살펴보기

다른 게보다는 작은 편에 속하며, 등껍질인 갑각의 크기는 길이가 약 2.2cm, 너비는 약 2.5cm 정도의 크기이다. 등껍질 모양은 뒷부분이 약간 좁은 사각형이다. 등껍질 위를 살펴보면 매끄럽고 울퉁불퉁하며 알파벳 H 모양과 비슷한 홈 무늬가 있다. 양 집게다리는 크기가 같고 서로 대칭이다. 수컷의 경우 두 다리 밑에는 털다발이 있다. 갑각의 색깔은 청갈색이지만 자신을 보호하기 위하여 주위의 바위 색깔과 비슷한 색으로 변하기도 한다.

풀게가 사는 곳

갯벌 바위 지역이나 자갈 지대의 해안에서 흔히 볼 수 있다. 위험을 느끼면 돌 틈이나 밑으로 재빠르게 숨는다.

수컷 풀게의 배부분

풀게의 뒷면

풀게의 앞면 손바닥에 털다발이 있다.

돌을 치우며 풀게를 잡는 행락객

바위틈에 사는 바위게

바위게의 앞면

바위게의 뒷면

바위틈에 숨어 있는 바위게

갈색 알을 몸에 붙이고 있는 바위게 암컷

바위게 살펴보기

등껍질은 윗부분의 폭이 크고 아랫부분이 좁아지는 모양으로 사다리꼴 형태에 가깝다. 등껍질인 갑각의 크기는 길이가 약 3.3cm, 너비는 약 4cm 정도이다. 갑각의 등면에는 홈이 있으며 울퉁불퉁하지만 매끄럽고 가장자리에는 3개의 뾰족한 돌기가 있다.

눈자루는 굵고 짧으며 다른 게에 비하여 앞면 가장자리에 위치하고 있다. 집게다리는 좌우 대칭이며 수컷이 크다. 걷는 다리는 바위 위를 잘 기어다니기 위하여 다리 끝이 뾰족한 모양을 하고 있는데, 이 다리로 파도가 밀려와도 떨어지지 않고 바위를 단단히 붙잡을 수 있다.

갑각의 색깔은 암갈색 표면에 황갈색 무늬가 있지만 살고 있는 지역의 바위 색깔에 따라 변이가 심하다.

바위게가 사는 곳

밀물과 썰물의 영향을 받는 갯벌 윗부분의 바위틈에 모여 산다. 매우 민첩하며 위험을 느끼면 재빠르게 바위틈으로 숨어 버린다. 바닷물이 나가는 썰물이 되었을 때 낮 동안 활동하며, 바위에 붙은 해조류를 먹고 산다. 갯강구를 잡아먹기도 한다.

화가 나면 무서운 민꽃게

민꽃게의 앞면

민꽃게 살펴보기

등껍질의 모양은 길쭉한 육각형에 가까운 타원이며 갑각의 길이는 약 6cm, 너비는 약 9cm 정도이다. 어릴 때는 등면에 연한 털이 있지만 다 자라면 털이 없어지고 매끈하며 광택이 난다. 등면은 어두운 녹갈색에 연한 얼룩 무늬가 있다.

이마에는 6개의 뾰족한 돌기가 있는데 그 중에서 가운데에 있는 2개의 돌기가 가장 많이 돌출되어 있다. 집게다리는 양쪽의 크기가 거의 비슷하고, 가시 같은 돌기가 많이 돌출되어 있으며, 맨 뒷쪽 다리는 헤엄치기에 유리하도록 넙적한 모양이다.

민꽃게가 사는 곳

시장에서 팔려고 내놓은 민꽃게(소래 포구)

얕은 바다의 진흙이나 돌틈, 웅덩이에 주로 산다. 특히 굴양식을 하기 위해 갯벌에 놓아둔 돌 밑을 들쳐보면 쉽게 발견할 수 있다. 잡으려고 건드리면 피하기보다는 집게다리를 번쩍 들며 대항하는 자세를 취하는 특징이 있어 '뻘떡게' 또는 '박하지'라고도 하며 맛이 좋아 게장으로 많이 이용한다. 집게다리에 물리면 상처가 크게 나므로 장갑을 끼는 등 조심해야 한다.

꽃게의 등면

게장을 담아 먹는 꽃게

꽃게 살펴보기

등껍질인 갑각의 모양은 옆으로 긴 마름모꼴이고, 길이는 약 8cm, 너비는 17cm 정도이다. 몸은 검은 자주색에 푸른 무늬가 있으며, 갑각의 양옆 돌기는 가시 모양으로 뾰족하다. 갑각의 앞면은 톱니 모양의 뾰족한 돌기가 많이 있다. 양 집게발은 크기가 같으며, 날카로운 돌기가 가시 모양으로 많이 돌출되어 있다. 이 집게 다리에 물리면 상처를 입을 수 있으므로 조심해야 한다.

꽃게가 사는 곳

갯벌에서 쉽게 관찰하기 힘들며 여름에 가끔 갯벌 아랫부분에 있는 바위 틈에서 발견할 수 있다. 어린 꽃게는 주로 암반 지역 바위 틈에서 살다가 다 자라면 넓은 바다로 나간다.

우리 식탁에 자주 오르는 대표적인 먹는 게로 외국에 수출하기도 한다.

얕은 바다의 모래땅에 떼지어 사는데, 낮에는 숨어 있다가 밤에 먹이를 잡으러 나온다. 어민들의 주 수입원이며 꽃게잡이 그물로 주로 잡는다.

꽃게 암놈이 알을 품고 있는 모습

유령게라 불리는 달랑게

달랑게 살펴보기

등껍질인 갑각은 가장자리가 뚜렷한 사각형이며 크기는 길이가 2cm, 너비가 2.3cm 정도이다. 몸은 모래색과 비슷한 흰색을 띠는데, 햇빛을 받으면 갈색으로 변한다. 등면 한 가운데에는 U자나 V자 모양에 가까운 홈이 있다. 앞쪽 이마는 좁고 뒤쪽에는 작은 알갱이 모양의 돌기로 덮여 있다. 집게다리는 양쪽의 크기가 서로 다른 것이 특징이다.

집 속으로 쏜살같이 들어가는 달랑게

달랑게가 사는 곳

달랑게는 주로 밤에만 활동하여 유령게라 불리기도 한다. 바닷물이 거의 들어 오지 않는 갯벌 위쪽의 깨끗한 모래밭에 약 50cm 정도 비스듬하게 들어갔다가 직선으로 구멍을 파고 산다. 움직임이 매우 빠르며, 한 곳에 많이 모여 산다. 작은 집게다리로 모래 속의 유기물을 걸러 먹으며, 거른 모래를 둥글둥글하게 덩어리로 만들어 버린다. 개체수가 많이 줄어들어 보호해야 할 게이다.

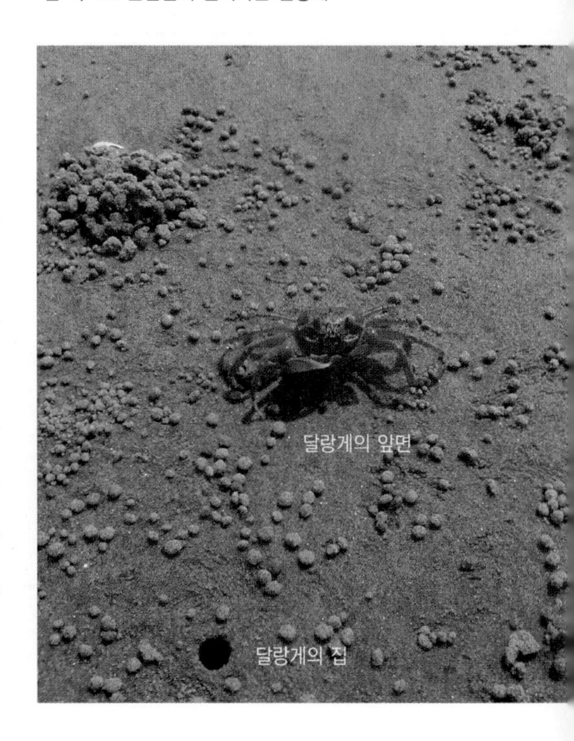

부엌에 들어가 음식물을 훔쳐 먹는 도둑게

도둑게 살펴보기

등껍질인 갑각의 크기는 길이 약 3cm이고, 너비는 약 3.3cm 정도이다. 형태는 정사각형에 가깝다. 이마가 넓어 눈이 가장자리에 가깝게 달려 있으며, 옆 가장자리는 곧고 매끄럽다. 갑각의 윗면 형태를 보면 앞뒤로 약간 기울어져 가운데가 볼록하고 표면은 매끄럽다.

양 집게다리는 서로 대칭이며, 수컷의 집게다리는 넓고 연결 부분은 가늘다. 갑각의 색깔은 어두운 청록색인데 이마와 옆 가장자리가 빨강과 노란색을 띠고 있다. 집게는 진한 붉은색이다. 암컷은 수컷에 비하여 크기가 작으며 연한 갈색을 띤다.

도둑게 앞면 집게발이 붉다.

도둑게가 사는 곳

도둑게는 해변에서 가까운 산 밑, 냇가의 방축, 돌 밑, 논밭 둑에 구멍을 파고 산다. 여름에 해안가 집 근처에 가면 불빛을 보고 찾아온 도둑게를 쉽게 볼 수 있다. 달빛을 불빛 삼아 집 주변에 버려진 음식물을 주워 먹거나 부엌으로 들어와 음식을 훔쳐 먹는다. 이런 이유에서 도둑게란 이름이 붙었다. 추운 겨울에는 구멍을 깊게 파고 곰이나 뱀처럼 겨울잠을 자는 것이 특징이다.

또한 암컷은 7~8월에 암갈색의 알을 배에 품고, 8~9월 경에 갯벌 윗부분까지 물이 들어올 때 바닷물에 잠긴 바위 위에 모여 배에 붙은 알을 털어낸다. 새끼 때는 바다에서 살고 성장하면 육지에서 살게 된다. 최근에는 해안가에 많은 도로가 생기면서 알을 털기 위하여 바닷가로 이동 중에 차에 치어 죽는 경우가 많다.

도둑게 뒷면

몸집이 작은 **엽낭게**

엽낭게 살펴보기

아주 작은 게로 등껍질인 갑각은 두껍고 콩처럼 둥근 사다리꼴이며, 크기는 길이가 약 1cm, 너비가 약 1.3cm 정도이다. 등면은 알갱이 모양의 돌기로 덮여 울퉁불퉁하다. 이마는 앞쪽 아래로 튀어 나왔으며, 자세히 살펴보면 눈이 들어가는 눈구멍은 여덟 팔(八)자 모양을 하고 있다.

양 집게다리는 대칭이며, 수컷이 암컷보다 훨씬 크다. 몸 색깔은 모래색인 누런 갈색이다.

엽낭게가 사는 곳

갯벌 윗부분의 모래 갯벌에 수직으로 20~30cm 깊이의 구멍을 파고 산다. 양 집게다리로 모래를 입에 넣은 뒤, 먹이를 골라 내고 모래는 내뱉는다. 이 때문에 구멍 주위에 작은 공 모양의 모래덩이가 쌓인다. 엽낭게는 군락을 이루고 살며, 크기가 작아 바다새들의 먹이가 된다.

엽낭게의 집 구조

수컷 엽낭게가 암컷에게 접근하고 있는 모습

붉은색 집게다리가 있는 붉은발사각게

붉은발사각게 살펴보기

등껍질인 갑각의 형태는 사각형이고 두꺼운 편이다. 크기는 길이가 약 2cm, 너비가 약 2.5cm 정도이다. 양 집게다리는 대칭형이며 붉은색을 띠고 있는 것이 특징이다. 갑각은 매끈매끈하고 볼록하며 형태가 뚜렷하다. 색깔은 적갈색이며 불규칙한 검은 무늬가 선명하다.

붉은발사각게는 위기에 처하면 가슴다리를 쉽게 스스로 끊어 위기를 모면하고 도망치는 특성이 있다.

붉은발사각게의 앞면

붉은발사각게 수컷의 배면

붉은발사각게가 사는 곳

바닷물이 자주 들어오지 않아 비교적 수분 함량이 적은 약간 단단한 펄에 구멍을 파고 산다.

붉은발사각게가 살고 있는 지역에는 염생 식물인 나문재, 칠면초 등이 많이 서식한다. 유기물이 들어 있는 갯벌 퇴적물을 섭취하고 살며 강화 선두리나 인천 소래 갯벌에 많이 서식한다.

칠면초와 붉은발사각게

몸보다 다리가 긴 긴발가락참집게

긴발가락참집게 살펴보기

크기가 비교적 작고 길며 몸 뒤쪽은 표피가 물렁물렁하기 때문에 갯우렁이나 눈알고둥과 같은 고둥의 빈 껍데기 속에 숨어 몸을 보호한다.

껍데기의 앞부분은 표면이 뾰족한 삼각형 모양을 하고 있으며, 뒤쪽은 고둥 패각에 들어갈 수 있도록 나선형으로 생겼다.

특히 왼쪽 집게다리가 몸 길이보다 2배 이상 커 긴발가락이란 이름이 붙었다. 몸통은 연한 붉은색을 띠며, 앞쪽은 노란색을 띤다.

패각 껍데기에서 강제로 꺼낸 모습

긴발가락참집게가 사는 곳

모래 갯벌에서 움푹 들어가 바닷물이 고인 웅덩이나 바위 지역 웅덩이에서 주로 산다. 고둥 껍데기 속에 살며, 위험을 느끼면 몸을 껍질 속에 숨기고 나오지 않는다. 고둥 껍데기 속으로 들어갈 때는 톡톡 소리가 난다. 몸이 크면 큰 고둥 껍데기로 이사를 가며 고둥 껍데기는 긴발가락참집게의 집이 된다.

갯우렁이 패각 속에 숨어 있는 모습

특이한 모습을 드러낸 긴발가락참집게

기타 절지 동물

게와 같이 절지 동물문에 속하는 동물로 가재, 쏙, 새우, 따개비, 갯강구 등이 있다.

성격이 사나운 갯가재

갯가재 살펴보기

몸은 길쭉하면서 납작하다. 크기는 10~15cm 정도이며, 머리 중앙에 큰 두 개의 더듬이가 있고, 몸 가장자리에 날카로운 가시가 있다. 몸통 첫째 마디에 3쌍의 가슴다리가 있고, 앞쪽에 붙어 있는 양 집게다리는 사마귀 다리처럼 매우 날카롭고 뾰족하다. 꼬리 부분은 단단하고 얇으며 날카롭고 뾰족한 돌기들이 많이 있다. 몸의 전체 색깔은 연한 청갈색을 띠고 있다.

대량으로 잡은 갯가재(소래 포구)

갯가재가 사는 곳

갯벌 아랫부분인 하부의 모래 갯벌이나 그보다 더 수심이 깊은 곳에서 산다. 성격이 사납고, 물이 빠지면 작은 물고기나 갯지렁이, 게 등 다른 동물을 잡아 먹는다. 갯벌에서는 쉽게 관찰할 수 없으며, 주로 어민들에 의해 잡힌다.

껍데기가 물렁물렁한 쏙붙이

쏙붙이 살펴보기

껍데기는 물렁물렁한 편이고, 표면은 연한 노란색에 가까우며 매끈하여 광택이 난다. 집게다리는 좌우의 크기가 뚜렷하게 차이가 있다. 이마의 뿔은 퇴화되어 거의 없고, 눈자루는 위아래로 납작하다. 눈은 거의 퇴화되어 등면에 작은 안점만 남아 있다.

쏙붙이가 사는 곳

갯벌 아랫부분의 깨끗한 모래 갯벌에 구멍을 파고 산다. 바닷물이 들어오면 밖으로 나와 활동하고 먹이를 섭취한다.

뒷걸음치는 쏙붙이

자신을 미끼로 동료를 잡는 쏙

쏙 살펴보기

갯가재와 비슷하게 생겼으나 배에 뚜렷한 마디가 있다. 전체 크기는 약 15cm 정도로 길며, 앞모양은 삼각형이다. 집게다리의 끝은 뾰족하고 양쪽이 대칭이다. 이마에는 3갈래의 뿔이 튀어나와 있고, 꼬리는 넓은 판으로 부채 모양이다.

쏙의 모습

쏙이 사는 곳

모래와 진흙이 섞인 혼합 갯벌 윗부분에서 수직으로 30cm 정도 깊게 굴을 파고 살며 구멍에 물이 들어오면 나와서 먹이를 찾아 먹는다. 쏙을 잡을 때는 쏙을 끈으로 묶어 쏙 구멍에 넣고 잠시 후에 잡아당기면 구멍 속에 있던 다른 쏙을 물고 나온다.

갯벌에서 잡은 쏙

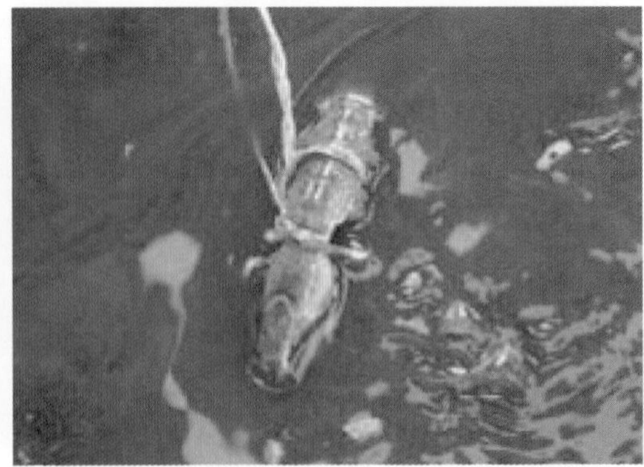
쏙을 잡기 위하여 끈에 묶인 쏙

딱딱 소리를 내는 **딱총새우**

딱총새우 살펴보기

껍데기는 매끈하며 이마의 뿔이 짧고 뾰족한 새우의 특성을 보인다. 눈은 껍질로 덮여 있고, 볼록 튀어 나와 있다. 꼬리의 끝부분은 부채모양이며 털이 나 있다.

다리는 10쌍이며 집게다리는 서로 크기가 다르며, 솜털로 덮여 있다. 다리는 편리하게도 배쪽의 5쌍은 헤엄칠 때, 앞쪽의 5쌍은 기어다닐 때 주로 사용한다.

딱총새우가 사는 곳

모래가 많은 혼합 갯벌에 주로 살며, 이것저것 다 잘 먹는 잡식성이다. 단단한 껍질은 성장하면서 탈피를 통해 껍데기를 벗는다.

이들은 서로 신호를 보내기 위하여 딱딱 소리를 내는 특성이 있다.

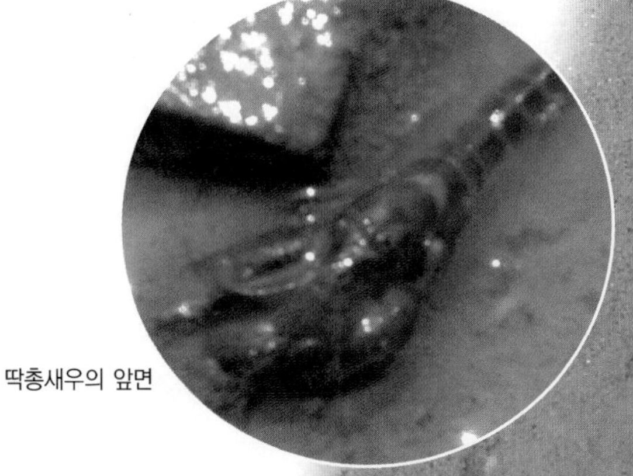

딱총새우의 앞면

갯벌 위를 기어다니는 딱총새우

바위에 다닥다닥 붙어 있는 따개비

따개비 살펴보기

화산 분화구를 아주 작게 축소한 것같이 생긴 따개비는 딱딱한 석회질 껍데기로 덮여 있다.

따개비 종류에는 대표적으로 조무래기따개비, 고랑따개비, 검은큰따개비 등이 있다. 조무래기따개비의 껍데기는 납작하고, 표면은 회색이며 불규칙하게 모여 있다. 고랑따개비의 껍데기는 원통형에 가까우며 표면이 자주색 또는 회색이다. 표면은 거칠고, 두꺼운 세로줄이 돌출되어 있다. 검은큰따개비는 물이 맑은 남해안에 주로 서식하는데 껍데기는 화산 분화구 같은 원추형이며, 진한 회색에 가깝다.

고랑따개비의 무리들

검은큰따개비의 무리들

따개비가 사는 곳

갯벌 윗부분에서 암반이나 자갈, 기둥 등 모든 구조물에 무더기로 붙어서 서식한다.

바닷물이 들어오면 뚜껑을 열어 6쌍의 갈고리 모양의 다리로 바닷물 속의 플랑크톤이나 기타 유기물을 걸러서 먹이로 취한다. 바닷물이 빠지면 뚜껑에 해당하는 두 개의 판으로 굳게 닫혀 내부가 건조하게 되는 것을 방지한다. 이때 뚜껑을 닫으면서 "딱딱" 하는 소리를 낸다.

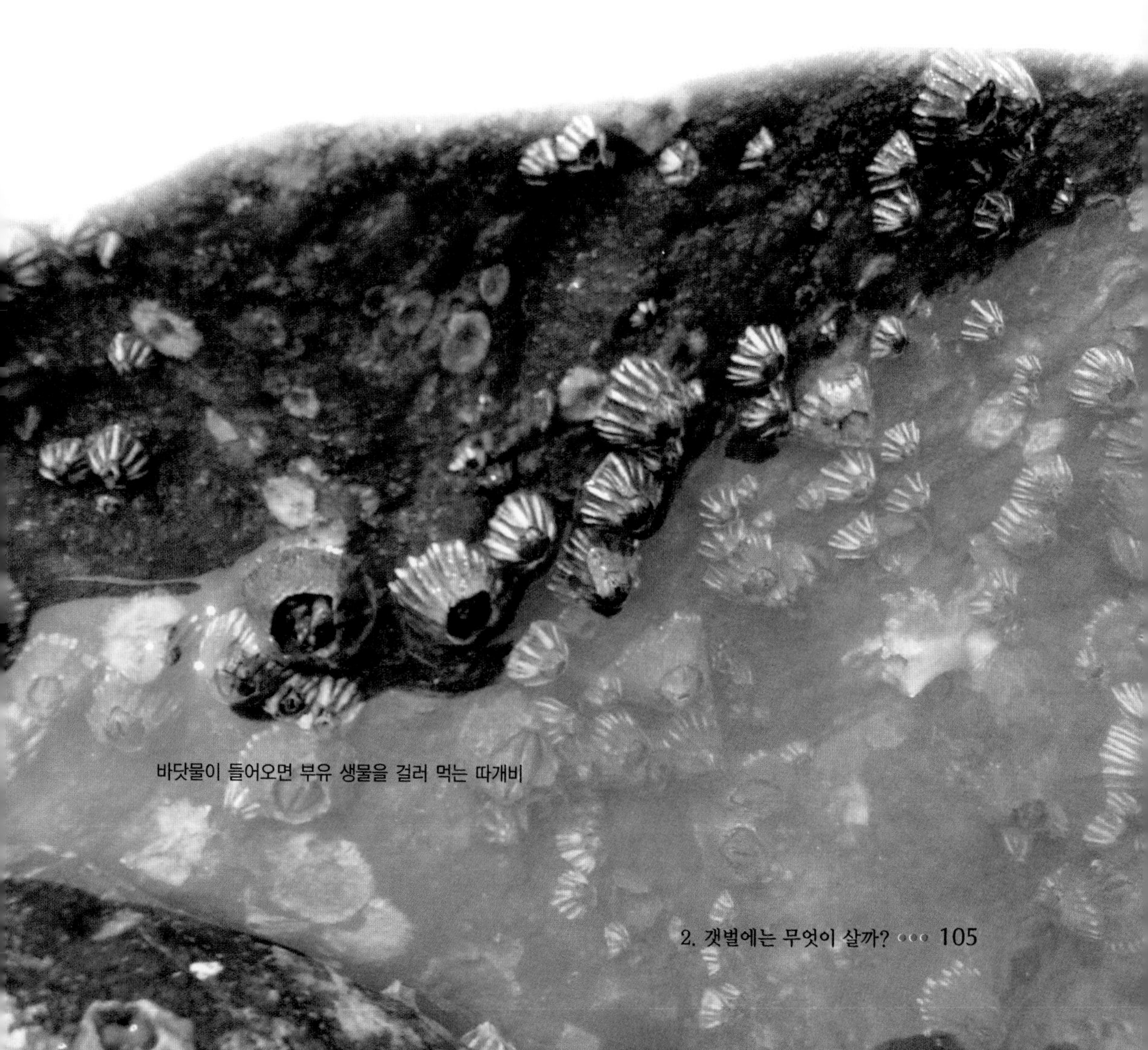

바닷물이 들어오면 부유 생물을 걸러 먹는 따개비

바닷가의 청소부 갯강구

갯강구 살펴보기

육지에서 사는 쥐며느리와 비슷하다. 크기는 2~3cm 정도이며, 좌우가 똑같은 납작한 타원형이다. 머리쪽에 긴 촉각 한 쌍과 눈이 있다. 눈은 크고 7개의 가슴마디와 꼬리마디로 구성되어 있다. 꼬리는 두 갈래로 갈라져 있다.

갯강구가 사는 곳

우리나라 해안 전 지역에 살고 있다. 행동이 매우 민첩하고, 축축한 바위틈 근처에서 모여 산다. 육상 생활에 잘 적응되어 있으며 바닷속에서는 살지 않는다. 쉴새없이 이리저리 움직이며 아무 것이나 잘 먹어치우는 잡식성으로 바닷가의 청소부라 한다.

자신을 보호하기 위해 주위 암반 색깔과 비슷해진 갯강구

습기가 많고 지저분한 바위틈에 모여사는 갯강구

환형 동물

갯벌에 사는 동물 중에 대표적인 환형 동물이 갯지렁이이다. 환형은 '고리' 라는 말로, 몸은 좌우대칭으로 연결된 많은 마디로 되어 있으며, 주로 가늘고 길다.

갯지렁이

갯벌을 파보면 갯지렁이를 쉽게 발견할 수 있다. 갯지렁이의 가장 큰 특징은 가늘고 길며 다리가 많은 다모류라는 것이다. 그러나 일반적으로 쉽게 구분되는 몇 종류를 제외하고는 전문지식이 없이는 구별하기가 쉽지 않다.

갯지렁이가 많이 살고 있으면 그 갯벌은 오염이 되지 않은 깨끗한 갯벌로 볼 수 있다.

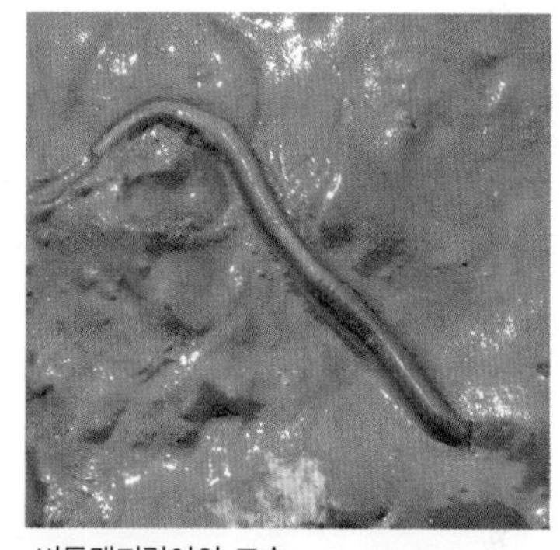

버들갯지렁이의 모습

입 모양이 눈썹 같은 두토막눈썹참갯지렁이

두토막눈썹참갯지렁이 살펴보기

몸 길이가 다소 길어 길이는 14~20cm, 너비는 약 1cm 정도이며, 마디 수는 약 200개 정도이다. 몸은 검푸른 색을 띤다. 입 주위를 자세히 살펴보면, 입 표면에 편평한 입주머니 이빨이 2~3개 가로로 줄지어 있다. 이 모양이 마치 눈썹 모양으로 보여서 두토막눈썹이란 이름이 붙여졌다. 몸통의 다리는 등다리와 배다리로 구성되어 있고, 다리는 나무잎사귀 모양으로 넓게 발달된 것이 특징이다. 돋보기로 자세히 관찰하지 않으면 특성을 파악하기가 힘들다.

몸이 반 이상 갯벌 속으로 들어간 두토막눈썹참갯지렁이

두토막눈썹참갯지렁이가 사는 곳

펄 갯벌에 주로 살며 갯벌 전 지역에 살고 있으나 주로 갯벌 위쪽에서 산다. 낚시 미끼로 많이 쓰인다. 어민들이 많이 잡는 갯지렁이다.

집을 짓고 사는 털보집갯지렁이

털보집갯지렁이 살펴보기

몸 전체는 적갈색을 띠며 앞쪽 부분에서 등쪽은 어두운 녹색의 광택이 있고 배쪽은 엷은 붉은색을 띤다. 눈이 없고 앞쪽에 7개의 더듬이가 있다. 몸 앞부분에는 털이 많이 나 있다.

털보집갯지렁이가 서관(벌레집)을 벗겨낸 후의 모습

털보집갯지렁이가 사는 곳

모래와 펄이 섞인 혼합 갯벌에 주로 살며, 서관이라고 불리는 집 입구 부분에는 조개껍데기, 굴껍데기, 모래 등을 붙여서 튼튼한 집을 짓고 산다. 집 속에 있다가 바닷물이 들어오면 몸의 앞부분만 내밀고 먹이를 먹는다.

털보집갯지렁이의 서관

서관만 보이는 털보집갯지렁이

염습지에 사는 버들갯지렁이

버들갯지렁이 살펴보기

땅 속에 사는 지렁이같이 가늘고 길며, 온 몸은 붉은색을 띤다. 가는 실같이 생겼으며 잘 끊어진다.

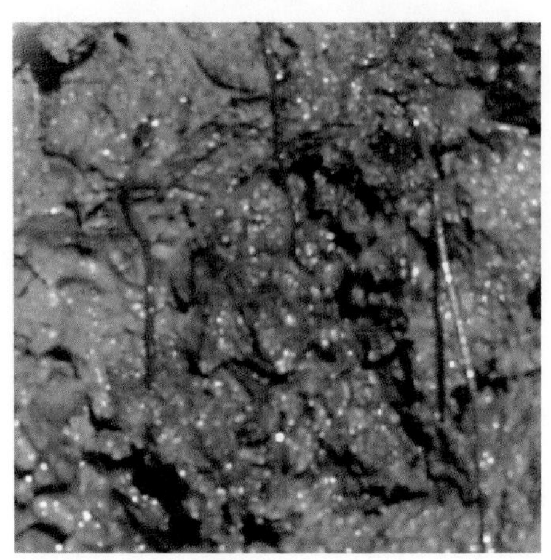
갯벌 속의 작은 버들갯지렁이

버들갯지렁이가 사는 곳

주로 오염이 진행되고 있는 염습지에 산다. 버들갯지렁이가 사는 갯벌 표층을 보면 표층 속의 퇴적물층은 암적색을 띠고 있는 것이 특징이다. 이는 갯벌이 오염되었다는 증거이기도 하다.

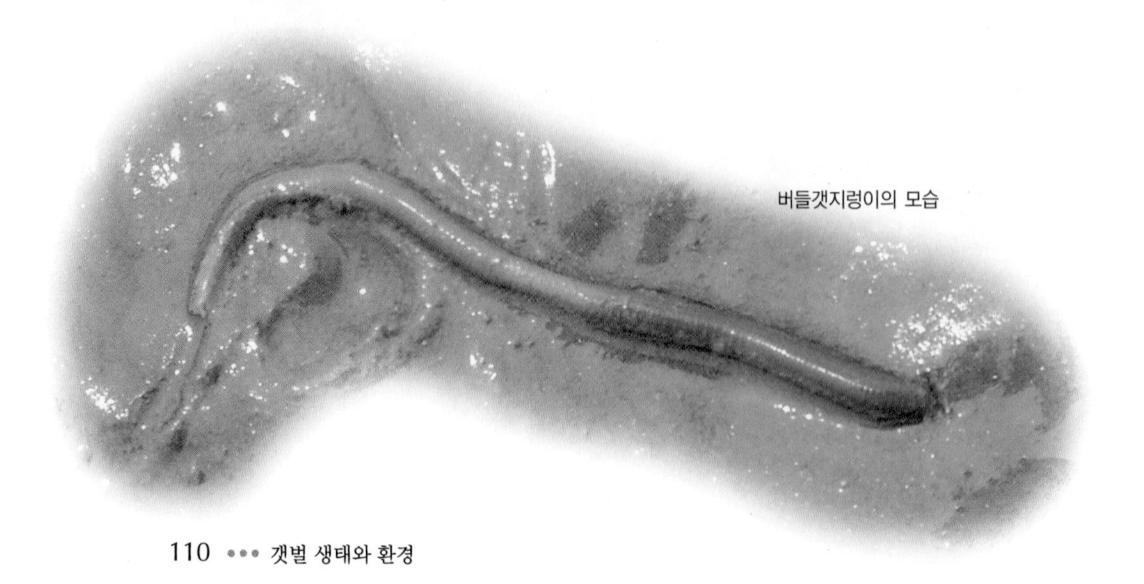
버들갯지렁이의 모습

기타 동물

연체 동물, 환형 동물, 절지 동물 이외에도 갯벌에서 볼 수 있는 동물들은 많다. 대표적인 생물로는 불가사리류, 해삼류, 성게류 등과 같은 극피동물과 히드라, 말미잘, 해파리 등의 자포동물을 꼽을 수 있다.

불가사리와 성게

몸 표면에 석회질의 가시가 돋아 있는 동물의 껍질을 '극피'라고 하며, 극피로 이루어진 동물을 '극피동물'이라 한다. 대표적인 것은 불가사리와 성게이다.

따개비와 같이 붙어 있는 담황줄말미잘

가시닻해삼

갯벌에 널려 있는 별불가사리

하늘의 별이 갯벌에 떨어진 별불가사리

별불가사리 살펴보기

별불가사리는 다른 불가사리에 비하여 짧은 팔이 방사선 모양으로 5개가 있으며, 약 6cm 정도 크기이다. 돌출된 팔 사이는 계곡같이 오목하게 들어가 있으며, 전체적으로 완만한 별 모양을 하고 있다. 등쪽은 청색 또는 붉은빛이 도는 청색 바탕에 붉은 무늬가 불규칙하게 나타난다. 배쪽은 붉은 빛이 도는 황색을 띤다. 특히 배쪽에는 팔 전체로 홈이 이루어져 있으며, 그 중앙에는 입에 해당하는 구멍이 있다. 이것을 '보대구'라 한다.

별불가사리가 사는 곳

우리나라 각 지역의 모래 해안이나 바위 지대에 널리 산다. 배쪽에 있는 보대구에 관족이라는 기관이 있어 이 기관을 이용하여 호흡, 이동, 먹이 섭취 등을 한다.

조개나 굴 등을 주로 잡아 먹고 살아서 조개 양식장에 피해를 끼치고 있다. 모양은 비슷하지만 암컷과 수컷이 구분되어 있다. 해수욕장에서 많이 발견된다.

별불가사리의 배면 모습

차가운 바다에서도 사는 아무르불가사리

아무르불가사리 살펴보기

별 모양이지만 팔이 가늘고 길다. 등쪽의 5개의 팔이 뻗어 나오는 중앙을 보면 약간 부풀어 올라와 있는데 이를 '반'이라 한다. 반에 연결된 팔을 보면, 처음은 폭이 넓고 끝으로 갈수록 좁아진다. 등쪽은 황백색 바탕에 불규칙한 보랏빛 무늬가 울퉁불퉁하게 나타나 있다. 배 부분은 평평하며 연한 황백색을 띠고 있다.

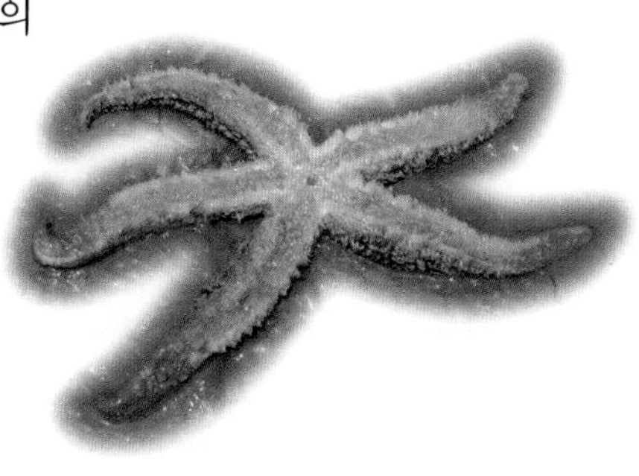

아무르불가사리의 배면 모습

아무르불가사리가 사는 곳

차가운 바다에서도 살 수 있으며, 바위 해안이나 모래 해안에서 주로 서식한다. 몸 속에 가스를 채워 바다 위에 뜬 다음 바닷물 흐름에 몸을 맡겨 이동한다. 조개나 굴을 잡아 먹고 살기 때문에 조개 양식장에 피해를 주고 있다.

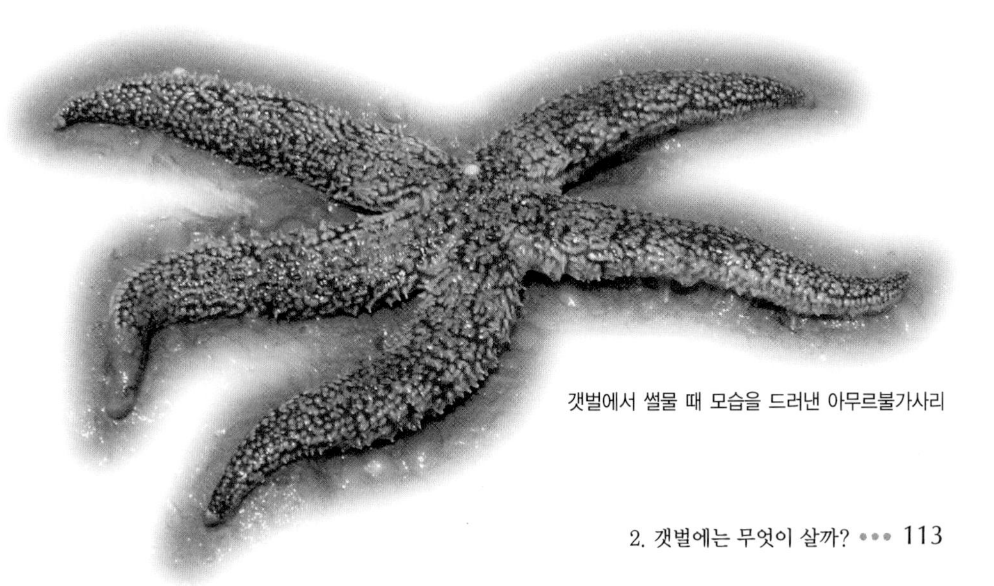

갯벌에서 썰물 때 모습을 드러낸 아무르불가사리

몸이 투명한 가시닻해삼

가시닻해삼 살펴보기

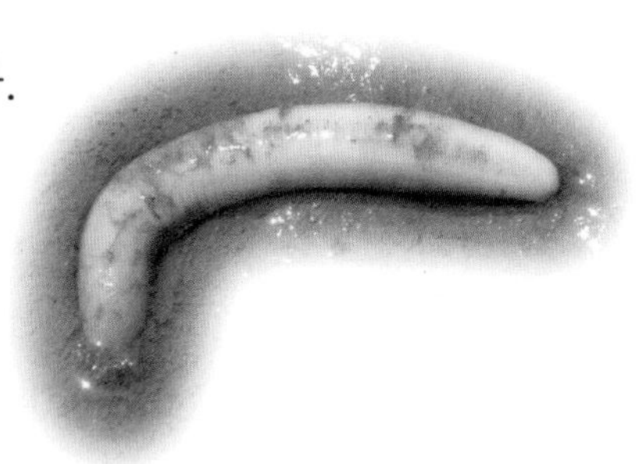

몸은 긴 원통형에 투명한 흰색을 띠고 있다. 몸을 만져 보면 말랑말랑하며 표면은 닻이라 부르는 아주 작은 돌기들로 덮여 있어 꺼칠꺼칠하다. 입쪽으로 작은 촉수가 있고, 끝에는 작은 돌기가 있다.

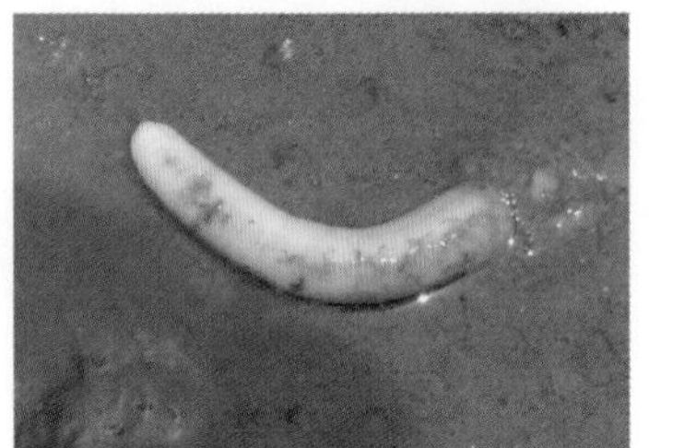

갯벌 속으로 파고들어가는 가시닻해삼

가시닻해삼이 사는 곳

진흙이 섞인 모래 갯벌에 10cm 정도의 구멍을 파고 산다. 위험에 처하면 스스로 몸을 잘라 버리는 속성이 있다.

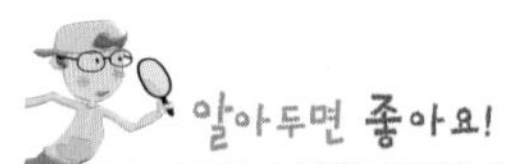

- **해삼** : 해삼은 예로부터 바다에서 나는 인삼이라 하여 '해삼(海參)' 으로 불리며, 뭍에서 나는 '인삼' 과 견주어져 온 수산 건강식품으로 동물성 알칼리 식품이다.
  또한 칼슘, 요오드를 비롯해 알긴산이 특히 많아 체내의 신진대사를 촉진하고 혈액을 정화하는 효능이 있다.
  해삼은 자생력이 뛰어나, 두 개의 개체로 절단되었다 하더라도 약 3개월이면 원상태로 복원되며, 해삼 내장을 들어내고 바닷물에 넣으면 1개월 안에 다시 뱃속 가득 내장이 생긴다. 이처럼 강한 특성을 이용하여 오래 전부터 해삼 양식이 활기를 띠워 왔다.

말미잘

몸의 형태는 기본적으로 원통형이며, 주로 바위같은 딱딱한 곳에 붙어서 모여 산다. 그러나 일부는 모래 속에 몸을 숨기고 살거나 동물 껍데기에 붙어서 살기도 한다.

말미잘은 입 부분에 팔 역할을 하는 촉수를 이용하여 먹이를 잡아먹는다. 그래서 촉수는 동물을 유혹할 수 있도록 아름답게 생겼다.

담황줄말미잘

측해변말미잘

풀색꽃해변말미잘

아름다운 무늬의 **담황줄말미잘**

담황줄말미잘 살펴보기

크기가 작고 몸통은 짙은 녹색 바탕에 노란색 줄무늬가 세로로 아름답게 나 있다. 이런 모습이 아름다운 꽃을 생각나게 한다. 입 주변에는 가는 촉수가 무수히 많이 있으며, 이 촉수를 이용하여 먹이를 잡는다.

담황줄말미잘이 사는 곳

갯벌의 바위나 다리 기둥, 나무 등에 부착한 후, 촉수를 이용하여 생물을 잡아먹고 산다. 움푹 파인 웅덩이에 무리를 지어 사는 경우도 있다.

썰물 때 바위에 붙어 있는 담황줄말미잘

촉수를 내밀고 있는 담황줄말미잘

촉수에 독액을 지니고 있는 **측해변말미잘**

측해변말미잘 살펴보기

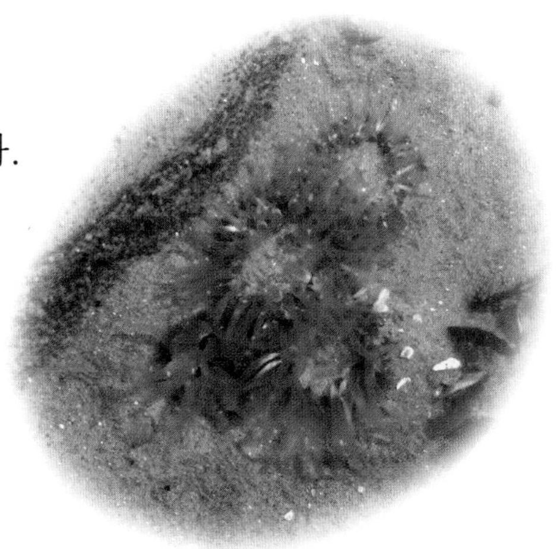
촉수를 내밀고 있는 모습

몸통 전체는 원통형이며 황갈색을 띤다. 촉수는 굵고 끝으로 갈수록 가늘며, 아름다운 청록색 세로줄이 있다. 촉수 끝에는 먹이를 찔러 마비시킬 수 있는 자세포가 있다. 자세포 속에는 독액이 있는데 이 독액은 아주 작은 동물만 마비시킬 수 있는 정도로 미비하다.

측해변말미잘이 사는 곳

바위틈이나 모래가 많은 갯벌에 살며, 몸통은 대개 갯벌에 숨긴 상태로 지낸다. 물웅덩이에 촉수만 내놓고 먹이를 잡아먹으며, 물이 빠졌을 때는 조개껍데기 조각이나 모래 등으로 덮고 위장하고 지낸다. 손으로 건드리면 물을 내뿜으며 재빨리 움츠린다.

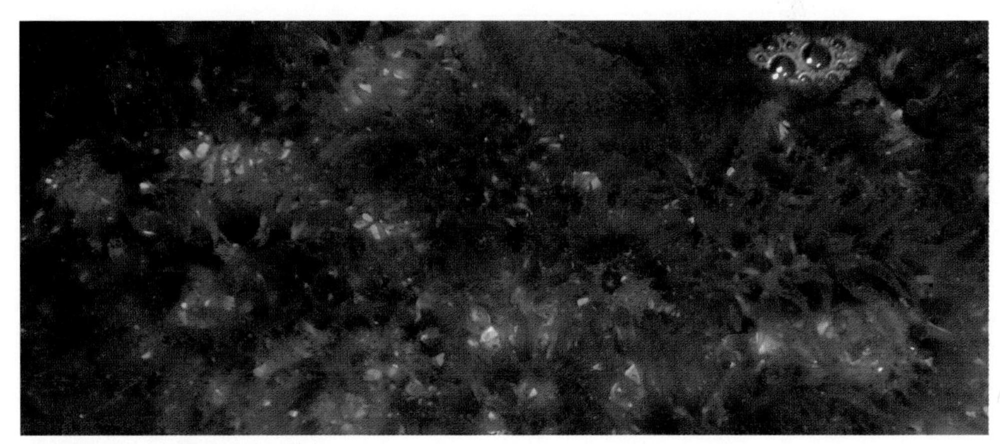
물이 고여 있는 바위틈에서 살고 있다.

촉수가 아름다운 풀색꽃해변말미잘

풀색꽃해변말미잘 살펴보기

몸통 전체는 원통형이며, 녹황색을 띠고 있다. 촉수는 굵은 편이고 아름다운 초록빛을 지니고 있으며, 촉수를 움츠리면 녹색 점들이 많이 보인다. 촉수에는 아주 작은 동물만 마비시킬 수 있는 정도의 독을 가지고 있다.

몸통을 갯벌에서 꺼낸 모습

풀색꽃해변말미잘이 사는 곳

바위 틈이나 모래가 많은 갯벌에 살며, 몸통은 대개 갯바위나 자갈에 붙어 있다. 작은 생물을 잡아먹으며 산다.

아름다운 촉수를 내밀고 있는 풀색꽃해변말미잘

어 류

몸에 뼈나 가시가 있는 척추 동물로 주로 바다 속에서 살지만 갯벌에 사는 어류도 있다. 이들 어류는 자기를 보호하기 위하여 갯벌 색깔과 비슷하게 위장하거나 갯벌 속으로 들어간다.

갯벌 위를 펄쩍 뛰는 말뚝망둥이

말뚝망둥이 살펴보기

모양이 참 특이하게 생겼으며, 몸 길이는 10cm 정도이다. 몸은 흑갈색을 띠고, 지느러미 끝 부분은 황갈색이다. 머리 부분은 원형에 가까우며, 꼬리로 갈수록 납작하게 생겼다.

주둥이는 짧고, 두 눈은 머리 윗부분에 볼록 튀어 나와 있으며 서로 가까이 붙어 있다. 가슴지느러미는 손 모양으로 생겼으며, 근육질로 되어 있어 갯벌을 걸어 다니는 역할을 한다. 등지느러미는 2개이고, 꼬리지느러미는 윗부분이 아랫부분보다 작아 뾰족한 모양이다.

말뚝망둥이가 사는 곳

가슴지느러미를 이용하여 갯벌 위를 걷거나 뛰어다닌다. 물기가 있는 펄 갯벌에 구멍을 파고, 주로 게나 조개 등을 먹고 산다.

집 구멍 옆에 있는 말뚝망둥이

갯벌의 식물

갯벌에서부터 갯벌 근처인 해안 사구에 걸쳐 여러 식물들이 살고 있다. 특히 해안 사구에 자라는 식물들은 갯벌 보호에 중요한 역할을 한다.

해안 사구를 보호하기 위해 설치한 모래포집기

갯벌 가장자리를 따라 발달된 해안 사구

해조류 식물

해조류는 광합성을 할 수 있을 정도의 빛이 들어오는 바윗등에 붙어 사는 식물이다. 색깔에 따라 녹조류(파래 · 청각), 갈조류(미역 · 다시마), 홍조류(김 · 우뭇가사리 · 산호말)로 나뉜다.

서해안 지역은 밀물과 썰물의 차가 심해 바닷물이 없는 시간이 길어 해조류는 거의 없으며, 주로 동해안과 남해안에 많이 발달되어 있다. 해조류는 자신을 고정시킬 수 있는 단단한 기질을 갖고 있다.

바위에 붙어 자라는 미역

녹조류에 속하는 파래의 모습

식탁에서 볼 수 있는 **잎파래**

바위에 붙어 있는 잎파래

잎파래 살펴보기

우리나라 연안 갯벌에서 흔히 볼 수 있다. 몸의 길이는 10~20cm 정도이고 녹색을 띠며, 편평한 넓은 잎을 가진 엽상체 식물이다. 잎은 나누어지지 않았고 가장자리는 주름져 있거나 평탄하다. 잎파래의 씨앗에 해당하는 포자는 10월 중순에서 11월 초까지 바윗등에 붙어 있으며, 그 이후 점차 자라서 다음 해 5~6월 경까지는 넓은 잎을 갖는 잎파래가 된다.

주름진 잎을 갖고 있는 잎파래

갯벌 가장자리의 자갈에 빽빽이 붙어 사는 잎파래

상추처럼 생긴 구멍갈파래

구멍갈파래 살펴보기

바위가 많은 갯벌 중간이나 아래쪽에 주로 붙어 서식한다. 10~30cm 정도의 크기이며 몸체에 구멍이 뚫려 있고, 1~3개씩 뭉쳐서 난다.

상추처럼 주름진 초록빛 잎들이 뭉쳐져 있고 특히 겨울철에 대규모로 번식한다.

바위에 붙어 있는 구멍갈파래

생일이면 누구나 먹는 미역

미역 살펴보기

국으로 자주 먹는 미역은 황갈색 또는 흑갈색을 띠는 갈조류 식물이다. 바위가 있는 해안 아래에서 바위에 붙어 산다. 바위에 붙어 있는 부분은 약간 납작한 줄기들이며, 그 줄기에 긴 타원형의 넓은 잎 또는 깃털 모양으로 골이 깊게 파인 넓은 잎이 자란다. 줄기의 양쪽에 주름이 있으며, 잎은 매끄럽다. 길이는 최고 1~2m까지 자란다.

바위에 붙어 자라는 미역

염생 식물

갯벌에서 육지 쪽으로 염분이 있는 땅에서 사는 식물을 염생 식물이라 하는데, 이런 갯벌이 마르면 하얀 소금기가 나타난다. 갈대, 칠면초, 나문재, 천일사초, 갯잔디, 퉁퉁마디 등이 있으며 이러한 염생 식물들은 잎과 줄기에 토양의 높은 염분을 조절하는 능력이 있어 자랄 수 있다.

갈대와 바늘사초가 분포되어 있는 염습지 군락

갯벌을 붉게 물들이는 칠면초

칠면초 살펴보기

붉게 물든 칠면초

칠면초 꽃

우리나라 서해안 염습지에 사는 대표적인 식물이다. 크기는 15~50cm 정도 자라며 줄기는 곧고 통통하다. 줄기 윗부분에 가지가 많이 갈라져 있으며 전체적으로 털이 없다. 줄기와 잎을 이어 주는 잎자루는 없고, 잎은 방망이 모양으로 끝이 뭉툭하다.

한해살이 풀로 봄에는 녹색이지만 몸 전체가 서서히 붉은색 또는 홍자주색으로 변하여 갯벌 전체를 붉게 물들인다. 이것은 염분이 몸 속에 많이 축적되면서 붉은색으로 변하는 것이다.

8~9월에 녹색을 띤 꽃이 피며, 어린 순은 나물로 먹기도 하고 해열 효과가 있다고 하여 뿌리를 제외한 나머지는 약재로 쓰인다. 소래 갯벌, 영종도 갯벌에 가면 붉게 물든 칠면초를 쉽게 볼 수 있다.

붉게 물든 칠면초의 객체 군락(영종도 갯벌)

바다의 전나무와 같은 나문재

줄기의 가장 아랫부분부터 물들기 시작하는 나문재

나문재 살펴보기

칠면초와 함께 우리나라의 대표적인 염생식물이다. 한해살이 풀로 1m 이상까지 자라며, 줄기는 곧게 자라고 여러 개의 가지로 갈라진다. 갈라진 가지나 줄기에 1~3cm의 짧은 바늘 모양 잎들이 빽빽히 뭉쳐져 난다.

전체적으로 붉게 변하는 칠면초와 달리 줄기의 아래부터 시작하여 전체적으로 붉은색으로 변한다. 갯벌 가장 윗부분에서 바닷물의 영향을 거의 받지 않는 건조한 염습지나 폐염전에 비교적 많이 산다. 잎의 겨드랑이에서 녹황색 꽃이 7~8월에 핀다.

나문재 꽃

나문재의 어린 개체

성장한 나문재

퉁퉁 부어오른 모습의 퉁퉁마디

퉁퉁마디 살펴보기

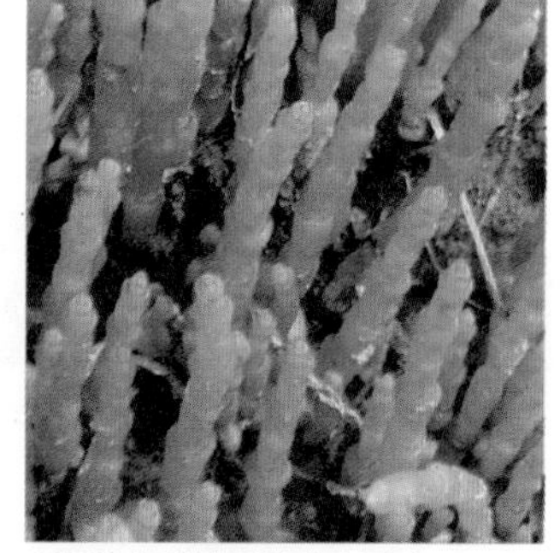
퉁퉁하게 생긴 퉁퉁마디 줄기

한해살이 풀로 10~30cm 정도 자란다. 잎은 없고 줄기가 위로 솟아 자라는 것이 갯벌에 푸른 나뭇가지가 꽂혀 있는 것 같다. 마디와 마디 사이에서 옆으로 가지가 어긋나 뻗어 자란다. 줄기가 퉁퉁하게 생겨 퉁퉁마디라 한다.

염분에 강하여 간척 직후 2~5년 사이에 넓은 지역에서 자라다가 다른 식물들에 의하여 사라지는 특성이 있다. 퉁퉁마디는 전체가 녹색이며, 가을에 염분 섭취량에 의하여 줄기 아래서부터 위로 서서히 붉은빛이 도는 자색으로 변한다. 8~9월에 마디 위 움푹 들어간 곳에서 녹색의 꽃이 핀다. 위장에 좋다고 하여 잘라 먹기도 한다.

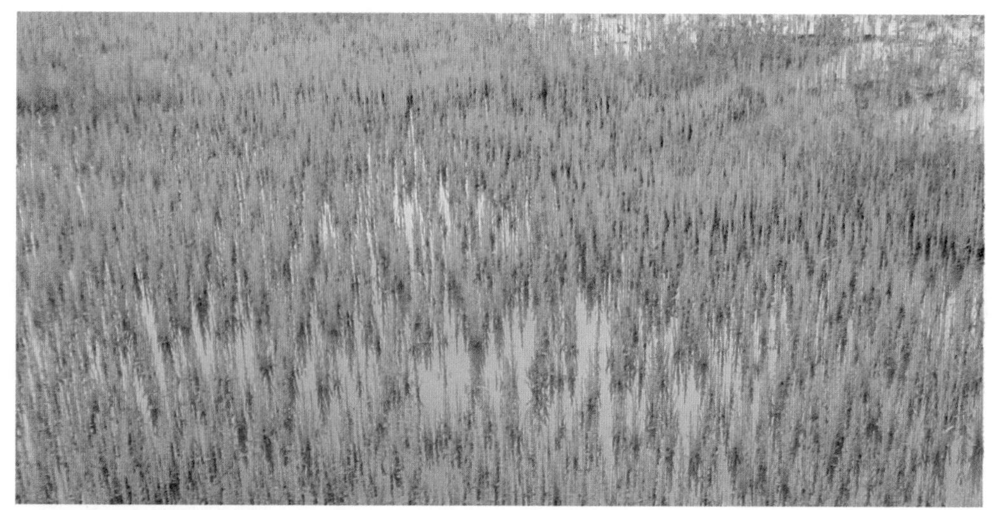
잘 발달된 퉁퉁마디 군락지(대부도)

육지의 질경이 같은 갯질경이

갯질경이 군락

갯질경이 살펴보기

2년 동안 자라는 두해살이 풀로 육지에서 자라는 질경이와 흡사하다. 주로 갯벌 윗부분의 바닷물이 들어오지 않은 곳이나 둑 근처에 살고 있다.

뿌리 윗부분에서 길쭉한 주걱 모양의 잎들이 사방으로 돌려나며, 뿌리에 연결된 잎자루는 좀 긴 편이다. 잎의 길이는 대략 10~30cm 정도이다. 비교적 잎이 두껍고 털이 없어 매끄럽고 광택이 난다. 잎들이 모인 중심부에서 높이 50cm 가량의 곧은 줄기가 나오고 줄기의 윗부분에는 많은 가지가 달려 있다. 5~7월에 흰색의 작고 많은 꽃이 핀다.

꽃이 핀 갯질경이

갯벌에 긴 잎을 펼친 갯질경이

육지의 쑥과 비슷한 비쑥

비쑥 살펴보기

바위틈의 비쑥

흔히 갯쑥이라 불리며, 육지에서 보는 쑥과 전체적으로 비슷하나 잎이나 꽃의 모양이 다르다. 갯벌 윗부분 모래 갯벌에서 무리지어 자라며 매년 굵은 뿌리에서 새싹이 다시 나는 여러해살이 식물이다.

크기는 대략 60~80cm로 비교적 크다. 줄기에서 나온 잎은 바늘모양으로 갈라져 있으며, 줄기 표면에 잿빛을 띤 흰색의 잔털이 있다.

비쑥의 군락(소래 갯벌)

8~9월에 노란빛을 띤 자주색 꽃이 핀다. 어린 비쑥 전체를 나물로 먹기도 하며 육지의 쑥같이 약재로도 많이 쓰이는데, 소변이 잘 나오지 않을 때나 요도염, 두통 등에 약용으로 쓰이고 특히 민간에서는 자궁출혈 등과 같이 여성 질병에 좋다고 하여 흔히 쓰인다.

잎 가장자리에 톱니가 있는 **통보리사초**

통보리사초 살펴보기

오랫동안 사는 여러해살이풀로 '큰보리대가리' 라고도 한다. 모래 갯벌 윗부분에서 자라며, 크기는 대략 높이가 10~20cm 정도이다. 하나하나가 땅속 줄기로 연결되어 있고 줄기는 거칠거칠하며, 잎은 뿌리에서 돋는다. 잎은 길쭉하며 윤이 나고 가장자리는 거칠고 작은 톱니 모양이 있다.

꽃은 6~8월에 노란색으로 피고 씨앗이 생기지만 주로 땅속 줄기로 번식한다. 꽃은 보리와 같이 이삭 끝에 달걀 모양의 꽃이 달린다.

꽃이 핀 통보리사초 군락지
(삼봉 갯벌)

보리 열매와 비슷한 **좀보리사초**

좀보리사초 살펴보기

여러해살이풀로 모래 갯벌 윗부분에 사는 식물이다. 특히 해수욕장 주변에서 쉽게 발견할 수 있다. 크기는 대략 10~25cm 정도이며, 뿌리 줄기가 옆으로 뻗으면서 번식한다.

잎은 길고 매끄러우며 폭은 좁은 편이다. 잎새 가운데 곧은 줄기가 있다. 5~6월에 길이 2~3cm의 꽃이 꽃대에서 여러 개 피는데, 위쪽의 2~3개는 수꽃이며 아래쪽의 작은 이삭은 암꽃이다.

꽃이 핀 좀보리사초 군락지
(삼봉 갯벌)

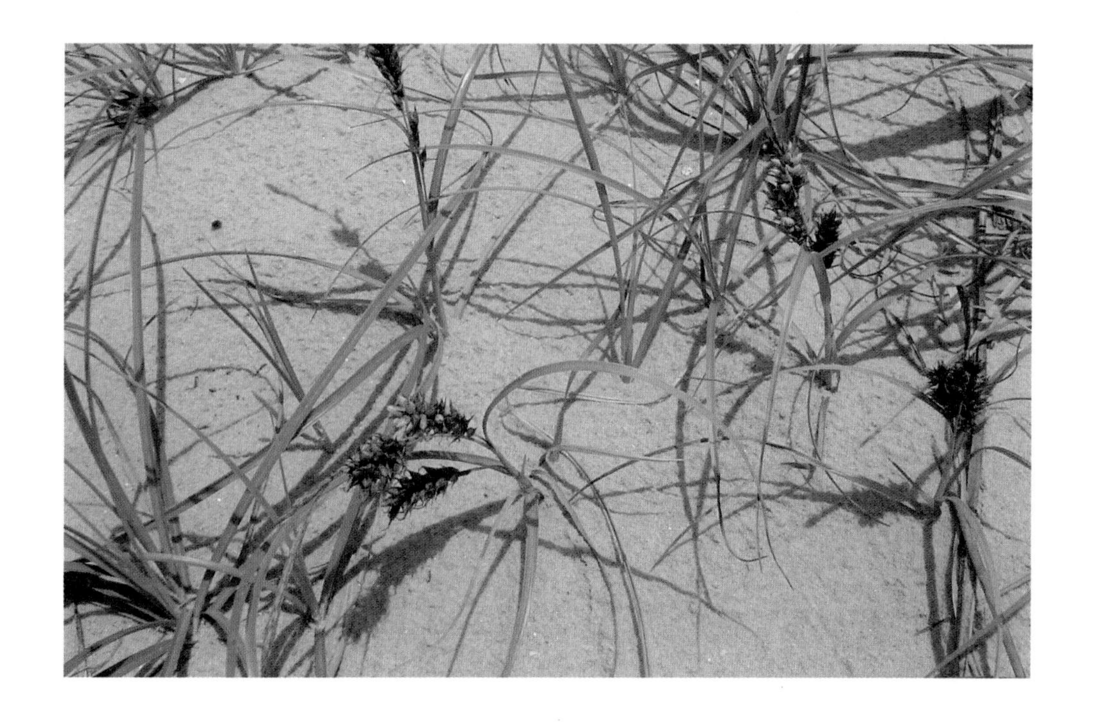

바늘같이 긴 잎을 가진 바늘사초

바늘사초 살펴보기

바늘사초의 뭉쳐난 줄기 모습

바닷물이 잘 들어오지 않아 영양이 적은 딱딱한 진흙 갯벌에 산다. 여러 해 동안 살며, 열매로 번식도 하지만 땅 속의 뿌리 줄기로도 번식한다.

25cm 가량의 긴 줄기들이 수십 개씩 무리지어 뭉쳐 나며, 줄기 끝에는 열매집이 있다. 줄기에는 가느다란 잎새들이 붙어 있어 아주 가는 잎 모양으로 보인다. 꽃은 6~7월에 피며 줄기 끝에 작은 이삭이 달린다. 이삭은 둥글고 녹갈색이며 가운데는 수꽃, 그 둘레에는 암꽃이 달린다.

뿌리가 수염 같은 지채

지채 살펴보기

여러해살이풀로 바닷물이 가끔 들어 오는 진흙 갯벌에 서식한다. 크기는 대략 10~30cm 정도 자란다. 잎은 뿌리에서 나오는데 길쭉하고 매끄러우며 가운데 줄기가 있다. 뿌리는 수염같이 가는 뿌리가 많이 뭉쳐져 있다. 8~9월에 자줏빛을 띤 녹색꽃이 핀다. 연한 잎은 나물로 먹는다.

갯벌 윗부분에 자리잡은 지채 군락지에서 지채를 뜯는 모습 (강화도 갯벌)

지채의 줄기 모습

바닷새들의 보금자리인 갈대

갈대 살펴보기

갈대의 잎과 줄기 모습

갯벌 윗부분에 널리 서식하는 식물이다. 여러 해 동안 살며, 크기는 1.5~2m 정도로 사람 키를 넘어 크게 자란다. 줄기는 둥글고 마디가 있으며 속이 비어 있다. 이런 줄기에 긴 타원형 모양의 잎들이 돌려 난다.

8~9월에 줄기 윗부분에서 여러 갈래로 붉은색 꽃이 핀다. 붉은색 꽃은 씨가 익으면 흰색으로 변하고 씨에는 흰 깃털이 붙어 있어 멀리까지 날아간다.

갈대는 토양의 유실을 막고 내륙에서 유입되는 오염물질을 깨끗이 해 주는 정화 기능이 뛰어나다.

바닷가의 메꽃 갯메꽃

갯메꽃 살펴보기

모래가 많은 해안가에서 여러 해 동안 사는 식물이다. 줄기가 땅 위로 뻗거나 다른 식물이나 물체를 감고 올라가서 자란다.

줄기의 길이는 대략 2m까지 자라며, 씨앗으로 번식하는 것보다는 땅속 줄기로 주로 번식한다. 잎은 줄기에 어긋나 있으며 전체적으로 둥글고 매끄럽다.

줄기에 꽃망울이 달린 갯메꽃

5~6월에 나팔꽃과 비슷한 모양으로 연한 분홍색에 흰색 세로줄이 있는 꽃을 피운다. 열매는 둥글고 검은 씨가 들어 있다.

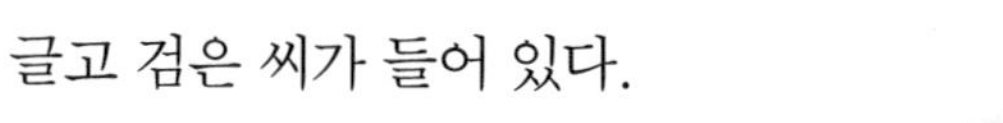

갯메꽃의 잎

줄기를 뻗어가며 해안 사구를 보호하는 갯메꽃

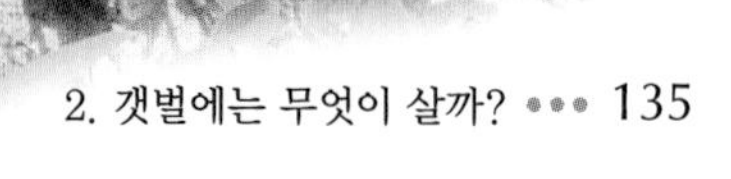

완두콩과 비슷한 긴 열매를 내는 갯완두

갯완두 살펴보기

갯완두꽃

모래가 많은 해안가에서 여러 해 동안 사는 식물이다. 크기는 대략 40~60cm 정도 자라며 땅속 줄기가 길게 자라서 번식한다. 타원형의 작은 잎들 5~6쌍이 서로 붙어 있으며, 맨 끝은 다른 식물을 잡을 수 있도록 덩굴손이 있다.

5~6월에 적자색의 아름다운 꽃이 3~5송이씩 붙어 핀다. 열매는 완두콩같이 길고 납작하며 약간 구부러져 있다. 갯완두의 어린 싹을 베어 말린 것은 사람의 소변을 잘 보게 하는 데 효능이 있다고 한다.

갯완두의 군락지 풍경

바닷가의 들국화 갯개미취

갯개미취 살펴보기

갯개미취의 어린 개체

2년 동안 사는 두해살이풀로 갯벌 윗부분 바닷물이 잘 들어오지 않는 딱딱한 곳에 칠면초와 같이 산다. 크기는 대략 25~100cm 정도로 곧게 자란다.

곧고 굵은 줄기 윗부분에서 가지가 갈라지며, 밑부분은 붉은색을 띤다. 9~10월에 자색의 꽃이 가지 끝에 핀다. 꽃 모양은 들국화와 비슷하다.

꽃이 활짝 핀 갯개미취

바닷가의 잔디밭 갯잔디

군락을 이루고 있는 갯잔디
(강화 갯벌)

갯잔디 살펴보기

모래가 많고 소금기가 적은 해안가에 사는 여러해살이풀이다. 땅 위를 따라 줄기가 옆으로 뻗으면서 중간중간에 뿌리를 내린다.

잎은 비스듬히 옆으로 곧게 자란다. 잎을 자세히 살펴보면 가장자리가 안쪽으로 말린 것을 볼 수 있다. 잎의 길이는 약 3~9cm 정도로 들에서 자라는 잔디와 비슷하다. 갈대와 같이 육지에서 유입되는 오염 물질에 대한 정화 능력이 뛰어나다.

번식을 위해 옆으로 뻗는 갯잔디

주걱 모양 잎의 모래지치

모래지치 살펴보기

여러해살이 식물로 해안가 모래 지역에 서식한다. 크기는 대략 25~35cm 정도 자란다.

많은 수의 가지가 갈라지며, 가지에는 넙적하고 길쭉한 녹색 잎이 많이 붙어 있다. 잎은 주걱같이 구부러져 있으며 위 아래로 흰 털이 있다.

8월에 흰색의 꽃이 여러 개 뭉쳐서 핀다. 열매는 핵과(씨가 굳어서 단단한 핵으로 싸여 있는 열매)이다.

해안가에 핀 모래지치

잎 가장자리에 톱니 모양이 있는 사데풀

사데풀 살펴보기

여러해살이 식물로 바닷물의 영향을 거의 받지 않는 폐염전이나 간척지에 군락을 이루고 산다.

잎의 형태는 긴 타원형으로 잎 가장자리에 이빨 모양의 톱니가 있는 것이 특징이다.

꽃은 8~9월에 노란색으로 핀다. 어린 순은 나물로 먹으며 잘려진 면에서 하�고 끈적끈적한 즙액이 나온다.

사데풀의 어린 개체

바닷가의 장미 **해당화**

해당화 살펴보기

바닷가 모래땅에서 흔히 자란다. 높이는 대략 1~1.5m 정도 자라며, 가지에는 장미처럼 가시가 나고 가시에는 털이 있다. 잎은 작고 타원형이며, 가장자리에 톱니가 있어 거칠하다. 앞면은 울퉁불퉁한 주름이 많고 뒷면에 털이 빽빽히 난다.

홍자색이나 흰색의 꽃이 가지 끝에 1~3개씩 달려 5~7월에 핀다. 바닷가 근처에서 흔히 볼 수 있지만 육지의 산기슭에서도 볼 수 있다.

꽃은 향수 원료로 쓰고, 열매는 약으로 쓰거나 먹기도 한다. 뿌리는 당뇨병 치료제로 사용하기도 한다.

해당화의 꽃

3 갯벌은 어디에 있을까?

우리나라의 갯벌

- 경기도 지역의 갯벌
- 충청남도 지역의 갯벌
- 전라북도 지역의 갯벌
- 전라남도 지역의 갯벌

세계의 갯벌

- 독일의 갯벌
- 미국의 갯벌
- 일본의 갯벌
- 네덜란드의 갯벌

경기도 지역의 갯벌

경기도 해안에는 약 1천km^2에 가까운 갯벌이 발달되어 있다. 이 곳에는 강화 갯벌, 인천 갯벌, 시화 갯벌, 남양 갯벌 등이 있다. 특히 강화도, 석모도, 볼음도, 영종도, 용유도, 소래, 오이도, 무의도 등의 섬 주변에 대규모 갯벌이 발달되어 있으며, 장봉도, 영흥도, 자월도, 덕적도, 대부도, 제부도에도 독립적인 갯벌이 많이 있다.

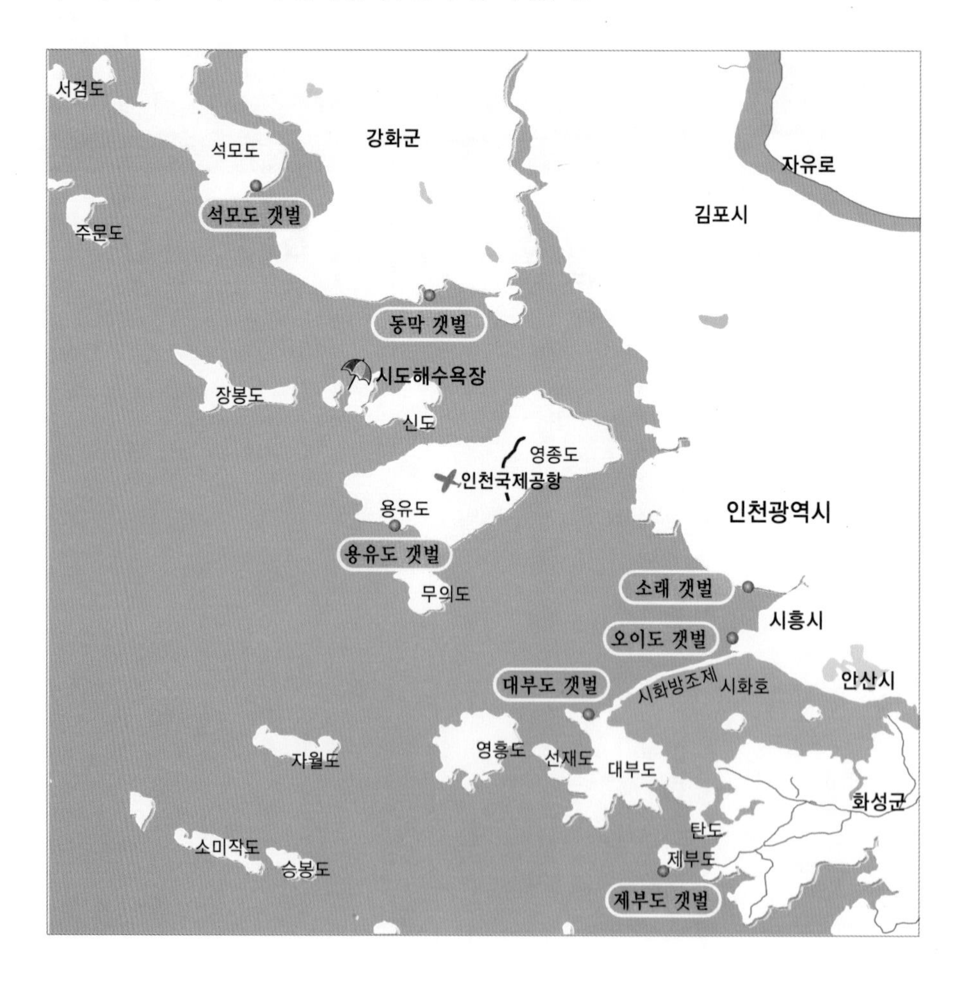

갯벌 생태 탐사지역인 동막 갯벌

강화도 남쪽 해안은 해안 도로를 따라 갯벌이 잘 발달되어 있다. 해안선 근처는 모래와 자갈로 형성되어 빠지지 않고 다닐 수 있지만, 안쪽으로 조금만 들어가면 고운 진흙으로 이루어진 진흙 펄을 볼 수 있다.

동막 갯벌뿐만 아니라 강화도 남단 해안은 세계적으로 보존 가치가 높아 습지 보존 지역 지정 및 생태 공원을 만들기 위한 계획이 추진 중이다. 이 곳은 또한 철새들의 먹이가 되는 게, 조개 등이 많아 전 세계적으로 600여 마리가 생존하고 있는 저어새의 집단 번식지 및 철새 집단 서식지로 보호와 보전의 중요성이 높은 곳이기도 하다. 한편 강화도는 갯벌뿐만 아니라 마니산, 전등사, 고려 궁터, 초지진 등의 역사 유적도 많다. 여름에는 해수욕과 갯벌 탐사를 같이 즐길 수 있다. (인천 강화군 화도면 동막리)

주요 관찰 생물

민챙이, 밤게, 칠게, 길게, 갯지렁이, 가무락조개, 갯강구, 칠면초, 나문재, 갯잔디, 갯질경이, 갯메꽃, 갈대 등

강화군청 홈페이지 : http://www.ganghwa.incheon.kr
Tel. (032)934-2183~9

배를 타고 가 보는 석모도 갯벌

멀리 보이는 섬이 석모도이다.

석모도 갯벌은 강화도에 있는 외포리 선착장에서 배를 타고 가야 한다. 섬 주위가 모두 갯벌로 되어 있다. 해안선 근처 모래 벌판은 해수욕장으로 이용되며, 약간만 들어가면 강화도 갯벌의 특징인 고운 진흙 펄이 형성되어 있다.

석모도 건너편 말도섬 일대의 갯벌은 저어새의 번식지로 중요하여 천연기념물로 지정하여 보호하고 있다.

여름에는 가족과 함께 해수욕도 하면서 갯벌 체험도 할 수 있다. 짧은 거리지만 배를 타는 기분도 남다르다.

신라 선덕여왕 때 창건된 보문사도 유명하다. (인천 강화군 삼산면 석모리)

주요 관찰 생물

민챙이, 칠게, 길게, 갯지렁이, 가무락조개, 왕좁쌀무늬고둥, 동죽 등

강화군청 홈페이지 : http://www.ganghwa.incheon.kr
Tel. (032)934-2183~9

맨발로 걷기에 좋은 해안 용유도 갯벌

인천 국제 공항이 영종도에 자리잡으면서 이곳의 갯벌은 거의 사라진 상태이다. 지금은 영종대교가 생기면서 육지와 연결되어 차로 쉽게 갈 수 있다.

용유 해변은 줄지어 늘어선 소나무 숲에 가려 길가에서는 잘 보이지 않는다. 그러나 숲 너머 아담하게 펼쳐진 해변은 맨발로 걷기에 적당한 모래와 펄로 버무려져 있고 파도는 크지도 작지도 않은 모습으로 육지를 향해 넘실거린다.

물이 빠져나가면 갯벌을 관찰하기에 적당하다. 특히 공항이 들어서기 전에는 어민들이 양식을 하던 곳이어서 동죽을 쉽게 잡을 수 있는 즐거움이 있다. 여름에는 해수욕장으로도 유명하다. (인천 중구 을왕동)

주요 관찰 생물

민챙이, 칠게, 길게, 갯지렁이, 동죽, 바지락, 피뿔고둥, 서해비단고둥, 말미잘 등

인천 중구 홈페이지 : http://www.junggu.incheon.kr
Tel. (032)763-5171

소래 포구와 해양 생태 공원으로 유명한 **소래 갯벌**

소래. 낭만적으로 들리는 이 이름은 당나라 소정방(蘇)이 왔다(來)는 뜻이라고 한다.

이 곳은 인천시 남동구가 논현동 일대 폐염전 및 갯벌 등 700km² 규모의 해양 탐구 자연 학습장을 개장하면서 인천의 새로운 명소로 거듭나고 있다. 옛날 소금 창고를 보수해서 만든 전시관이 있으며, 학습장에서는 동·식물을 관찰하고 소금 채취 과정 등을 보고 들을 수 있다. 염전에서 만든 소금도 기념으로 준다.

소래 갯벌은 진흙 갯벌이지만 바닷물이 많이 들어오지 않아 딱딱한 편이며 염생 식물과 게 등을 쉽게 관찰할 수 있다. 소래 포구에서는 신선한 어류와 조개 등을 살 수 있으며 매년 10월에는 소래 축제도 열린다. (인천 남동구 논현동)

주요 관찰 생물

붉은발농게, 흰발농게, 농게, 가지게, 방게, 말뚝망둥어, 칠면초, 나문재 등

인천 남동구 홈페이지 : http://www.namdong.incheon.kr
Tel. (032) 466-3811

시화 방조제 근처에 있는 오이도 갯벌

오이도는 시흥시의 최서남단에 위치한 섬으로, 옛 이름은 오질애(吾叱哀)였고, 그 후 오질이도(吾叱耳島)였다가 조선시대 말부터 지금의 이름으로 불리기 시작했다. 지금은 육지와 연결되어 버스 등 각종 차량이 섬의 구석구석까지 다니고 있다.

오이도와 대부도를 연결한 시화 방조제 근처에 있는 오이도 갯벌은 모래가 약간 섞인 진흙 갯벌로 대도시와 가까워서 여름철이 되면 많은 사람들로 붐빈다. 특히 가무락조개가 많이 잡힌다. (경기도 시흥시 정왕동)

주요 관찰 생물

민챙이, 칠게, 길게, 무늬발게, 밤게, 총알고둥, 둥근얼룩총알고둥, 갯강구, 갯우렁이, 가무락조개, 바지락 등

경기도 시흥시 홈페이지 : http://www.siheung.go.kr
Tel. (031)317-2000

육지가 된 대부도 갯벌

대부라는 지명은 화성군 남양면 쪽에서 바라보면 섬 같지 않고 큰 언덕처럼 보인다고 하여 붙여졌으며, 이 외에 연화 부수지, 낙지섬, 죽호 등의 이름으로도 불려 왔다.

대부도 앞쪽은 자갈이 있는 갯벌이지만 20m쯤 들어가면 진흙 갯벌이 이어진다. 유치원생이나 초등학생들이 갯벌 체험장으로 많이 찾는다.

전에는 대부도 갯벌에서 양식을 했지만 지금은 개발에 밀려 양식을 하지 않아 갯벌에서 바지락, 동죽 등을 많이 잡을 수 있다.

지금은 오이도와 대부도 방아머리를 잇는 총 연장 12km 정도의 시화 방조제가 생겨 시흥 월곶에서 쉽게 왕래할 수 있으며 선재도, 영흥도까지 다리로 연결된 상태이다.

시화호 공룡알 화석

시화호를 개발하는 도중에 경기도 안산시와 화성군에 산재되어 있는 공룡알 화석이 발견되어, '시화호 공룡알 화석 산출지' 를 국가 지정 문화재인 천연기념물 제 414호로 지정하였다. (경기도 안산시 대부동)

주요 관찰 생물

민챙이, 칠게, 길게, 밤게, 총알고둥, 둥근얼룩총알고둥, 갯강구, 동죽, 바지락, 가무락조개, 갯강구, 따개비, 댕가리 등

대부도 소개 홈페이지 : httd://www.deabudo.com
Tel. (031) 481-2000

바닷물이 갈라지는 제부도 갯벌

옛날에 송교리와 제부섬 간을 건너는 갯고랑을 어린 아이는 업고 노인들은 부축하고 건넌 사람들이 있었는데 그들을 '제약부경' 이라 하였고 이들 글자에서 '제' 자와 '부' 자를 따서 이곳을 제부도라 하였다 한다.

제부도는 여의도 면적의 1/3 정도 되는 아주 작은 섬으로, 고기나 낙지를 잡거나 굴, 바지락을 양식하며 살고 있다. 지금은 관광객을 대상으로 한 식당과 민박집 등을 운영하고 있다.

이 곳이 유명한 이유는 바다가 갈라지는 현상 때문이다. 바다 갈라짐(해할; 海割)이란 조수간만의 차로 간조(물이 빠질 때) 때의 수면이 해저면의 높이보다 낮아져 땅이 드러나는 것을 말하는데, 국내에서는 전남 진도군의 모도, 여수의 사도, 충남의 무창포, 서귀포의 서건도 등에서 볼 수 있다.

이같은 현상으로 제부도는 2.3km의 바닷길이 하루에 두 번 썰물 때 나타나 육지와 섬을 연결하는 도로가 되므로 '모세 기적의 섬' 이라고도 한다.

이 길은 오래 전부터 자갈과 돌을 놓아서 사람들이 걸어다닐 수 있었으며 주민들의 교통로가 되었다. 지금은 보수 공사를 하였고 본격적으로 차량이 통행되는 포장 도로로 만들어서 갯벌 체험, 낚시, 해수욕 등을 위해 관광객이 많이 찾는 갯벌이 되었다. 특히 서해안 고속도로가 생기면서 교통이 더욱 편리해져 많은 사람들이 찾고 있다. 제부도에 들어가려면 바닷물이 열리는 시간을 꼭 알고 가야 한다.

제부도의 갯벌은, 해안선 근처는 모래와 자갈이 섞인 갯벌이지만 안쪽으로 들어갈수록 발이 빠지는 진흙 갯벌이므로 유의해야 한다. (경기도 화성군 서신면 제부리)

도로 난간에 붙어 있는 따개비

썰물 시간에는 차가 왕래할 수 있다.

주요 관찰 생물

칠게, 총알고둥, 갯강구, 민챙이, 대수리, 맵사리, 굴, 진주담치, 따개비, 배무라기, 댕가리 등

화성군 홈페이지 : http://www.hscity.net
Tel. (031)369-2098

충청남도 지역의 갯벌

충청남도 갯벌은 아산만에서 시작해 천수만을 거쳐 장항으로 이어진다. 아산만 갯벌, 대호 갯벌, 가로림만 갯벌, 천수만 갯벌, 장항 갯벌, 장고항 갯벌, 웅도 갯벌, 삼봉 갯벌, 간월도 갯벌, 춘장대 갯벌, 송석리 갯벌로 나누어지며, 해안가 전체가 혼합 갯벌이다.

아름다움을 자랑하는 장고항 · 대호 갯벌

전국에서 유일하게 일출과 일몰을 한 곳에서 볼 수 있는 석문면 교로리의 왜목마을 주변에 있는 갯벌이다.

대호 방조제와 석문 방조제 등으로 인해 갯벌이 많이 사라졌지만 석문면의 장고항리에서 교로리까지 해안선을 따라 발달된 갯벌은 주로 자갈과 모래로 이루어진 갯벌로 발이 빠지지 않으며 가족끼리 갯벌을 탐사하기에 좋은 곳이다. 특히 봄에는 실치회가 전국적으로 유명하고 바지락과 굴이 많이 난다. (충청남도 당진군 석문면 장고항리 / 교로리)

주요 관찰 생물

길게, 칠게, 눈알고둥, 총알고둥, 댕가리, 갯고둥, 왕좁쌀무늬고둥, 대수리, 맵사리, 굴, 피뿔고둥, 가시닻해삼, 바지락, 낙지 등

당진군 홈페이지 : http://www.dangjin.go.kr
Tel. (041)350-3114

갯벌 체험 장소로 유명한 도비도 갯벌

농어촌 휴양 단지로 조성된 도비도 갯벌은 원래 작은 섬이었던 곳이 대호 방조제가 생기면서 육지로 변한 곳으로 유명하다. 이 곳은 난지도 해수욕장으로 가는 배를 타는 곳이기도 하다.

갯벌 주변에는 도비도 농어촌 휴양단지가 조성되어 도시민과 농어민의 교류 센터로 환경 농업의 산교육장으로 활용되고 있다. 특히 많은 숙박시설과 전망대 등이 있고, 갯벌에서 사는 생물들을 쉽게 관찰할 수 있어 갯벌 자연 생태 공원으로 유명하다.

주변 농경지에 떨어진 벼로 인해 먹이가 풍부하여 겨울이면 많은 철새들이 날아오므로 철새 관찰을 위한 관광객이 몰리기도 한다.

주요 관찰 생물

길게, 칠게, 풀게, 쏙, 바지락, 백합, 댕가리, 갯고둥, 굴, 대수리, 맵사리, 피뿔고둥 등

당진군 홈페이지 : http://www.dangjin.go.kr
Tel. (041)350-3114

백사장이 넓게 펼쳐진 삼봉 갯벌

삼봉 갯벌은 태안군의 남면과 안면읍을 연결하는 안면대교를 건너 남쪽 1km 지점 안면도 서쪽 해안에 자리를 잡고 있는 모래 갯벌이다.

모래 갯벌이어서 갯벌 탐사뿐 아니라 해수욕장으로도 널리 알려져 있다. 안면도는 전체가 모래 갯벌로 만대 갯벌, 학암포 갯벌, 만리포 갯벌, 안흥 갯벌, 꽂지 갯벌이 있다. 이들 갯벌은 각각 해수욕장으로도 유명하다.

바닷물이 나가고 나서 조금만 기다리면 엽낭게들이 모래 경단을 빚고 있는 모습 등 모래 갯벌의 생물을 쉽게 관찰할 수 있다.

(충청남도 태안군 안면읍 창기리)

주요 관찰 생물

엽낭게, 달랑게, 갯강구, 따개비, 담치류, 서해비단고둥, 담황줄말미잘, 풀색해변말미잘, 측해변말미잘, 총알고둥, 왕좁쌀무늬고둥, 집게류, 아무르・별불가사리, 해당화, 통보리사초, 좀보리사초, 갈대, 갯메꽃 등

태안군 홈페이지 : http://www.taean.go.kr
Tel. (041)670-2114

곰 모양같이 생긴 **웅도 갯벌**

웅도는 섬 전체가 진흙 갯벌로 되어 있으며 '모세의 기적' 처럼 육지와 섬을 작은 도로로 연결한 섬이다.

하루에 두 번 바닷물이 나가는 썰물 때에 이 도로가 나타나서 섬으로 왕래할 수 있으며 섬의 모습이 마치 웅크린 곰의 형상을 닮았다고 해 '웅도' 라 불리고 있다.

이 곳은 해안선의 길이가 5km밖에 되지 않는 작은 섬으로 곳곳에 갯바위가 있어 경관이 무척 아름다운 곳이다. 갯벌에는 싱싱한 자연산 굴이 지천으로 널려 있고, 이것들은 주민들에게 소중한 수입원이 되기도 한다.

바닷길을 건너 마을로 들어서면 한가로운 어촌 마을의 풍경이 펼쳐진다. 갯벌을 따라 섬을 한 바퀴 돌아보면 해송과 갯벌이 무척 아름다워 자연 생태관찰 학습장으로도 좋으나, 주민들이 어패류 등을 양식하고 있어 함부로 갯벌에 들어갈 수는 없다.

아직까지는 찾는 이들이 많지 않아 자연 그대로 갯벌이 보존되어 있다. 서산에는 이외에도 팔봉면의 범어리 갯벌, 부삭면에 간월도 갯벌 등이 있다. (충청남도 서산시 대산면 웅도리)

주요 관찰 생물

칠게, 방게, 갯강구, 따개비, 담치류, 눈알고둥, 총알고둥, 댕가리, 갯고둥, 왕좁쌀무늬고둥, 대수리, 맵사리, 굴, 가리맛조개, 바지락, 낙지 등

서산시 홈페이지 : http://seosan.chungnam.kr
Tel. (041)660-2114~3

무학대사가 수도한 간월암이 있는 간월도 갯벌

간월도는 서산 방조제가 완공되면서 섬이 육지로 변한 곳이다. 간월도 앞바다에는 아주 작은 섬이 하나 붙어 있는데, 그곳에 간월암이 있다. 옛날 무학대사가 '달을 보며 홀연히 도를 깨우쳤다' 고 해서 붙여진 이름이며 여기서 수도 생활을 했다고 한다.

간월암이 있는 작은 섬은 바닷물이 빠져 나가면 건너가는 길이 생긴다. 간척사업으로 생긴 간월호를 간월암에서 바라보면 천수만의 낙조와 달맞이가 여행객들의 가슴을 설레게 한다.

> 서산시 홈페이지 : http://seosan.chungnam.kr
> Tel. (041)660-2114

또한 겨울에 간월호에 찾아오는 겨울 철새는 장관을 이루어 철새 도래지로 유명하다. 간월도는 조선시대에 태조에게 진상한 어리굴젓으로 유명하며 지금은 '간월도의 굴밥' 이 미식가들 사이에 맛있기로 소문이 나 있어 이곳의 굴밥을 맛보려는 발길도 끊이지 않는다. (충청남도 서산시 부석면 간월도리)

주요 관찰 생물

총알고둥, 눈알고둥, 둥근얼룩총알고둥, 댕가리, 갯고둥, 개울타리고둥, 굴, 진주담치, 바지락, 집게류 등

맛조개가 많이 숨어 있는 춘장대 갯벌

서천군의 제1명소인 춘장대 갯벌. 해수욕장이기도 한 이 곳은 고운 백사장과 넓은 갯벌로 해수욕을 즐기기에 아주 좋다. 울창한 해송으로 둘러싸여 있는 송림의 그늘막은 가족 단위나 연인끼리의 여름 휴식처로 이름나 있는 곳이다.

모래 갯벌 속에는 길쭉한 맛조개, 쏙붙이, 개맛 등이 많이 있어 여름에 해수욕을 하면서 소금을 맛조개 구멍에 넣어 잡는 재미도 맛볼 수 있다.

(충청남도 서천군 서면 도둔리)

주요 관찰 생물

서해비단고둥, 엽낭게, 털보집갯지렁이, 맛조개, 쏙붙이, 개맛 등

서천군 홈페이지 : http://www.seocheon.go.kr
Tel. (041)950-4114

갯벌 체험장으로 개발하는 송석리 갯벌

오염이 되지 않은 송석리 갯벌은 마을을 중심으로 한쪽은 진흙 벌이고 다른 한쪽은 백사장으로 되어 있는, 특이한 해변이다.

갯벌은 차가 아래까지 내려갈 수 있도록 되어 있고, 백사장은 고운 모래가 깔려 있어 해수욕을 즐기면서 휴식을 취하기에 아주 좋다. 해변 바로 뒤쪽으로는 나무 그늘이 시원하게 펼쳐져 있어서 여름의 뜨거운 태양을 피하기에는 제격이다.

자연 발생 관광지라 편의 시설이 갖춰져 있지 않아 다소 불편한 점이 있었지만, 지금은 충청남도 관광개발권으로 남부 해안권인 서천군 마서면 송석리 일대에 갯벌 체험장이 조성 중이며 해안 산책로 · 청소년 수련장 · 광장 · 야영장 등이 들어서 종합 관광지의 면모를 갖추고 있다.

이 곳 갯벌에는 맛조개가 많으며 갯벌 근처 가게에서 파는 맛살촉을 이용하여 쉽게 잡을 수 있다.

맛조개가 있는 구멍을 찾아 소금을 뿌리면 물이 들어온 줄 알고 맛조개가 불쑥 튀어나오는데 이것은 맛조개를 잡는 아이들에게 좋은 추억거리가 될 것이다. (충청남도 서천군 마서면 송석리)

주요 관찰 생물

서해비단고둥, 엽낭게, 털보집갯지렁이, 맛조개, 바지락, 가무락조개 등

서천군 홈페이지 : http://www.seocheon.go.kr
Tel. (041)950-4114

전라북도 지역의 갯벌

군산에서 김제, 부안까지 약 100km에 이르는 해안을 따라 펼쳐진 갯벌은 우리나라에서 제일 넓은 갯벌로 볼거리가 많은 곳이다. 금강 하구로부터 군산 앞바다의 오식도를 거쳐 수라, 거전, 계화로 연결되는 이 갯벌은 총 면적이 약 200km²에 달한다.

만경강과 동진강이 이 갯벌과 연결되어 있으나 여름 홍수 때를 제외하면 담수의 유입은 매우 적은 편이다. 특히 이곳은 농업진흥공사가 간척공사를 하고 있는 새만금 지구가 있는 곳이다.

군산 해안가 수라에 가면 군산 앞 오식도로 연결되는 갯벌에 들어갈 수 있는데 바닥이 딱딱한 모래로 되어 있어 어민들은 경운기를 타고 들어가 조개를 잡는다. 이곳에는 해창 갯벌, 계화도 갯벌, 변산 갯벌 등이 있다.

새만금 간척사업으로 사라지는 해창 갯벌

전라북도 갯벌의 약 65%에 해당되는 갯벌인 부안의 해창, 돈지, 계화도, 김제의 거전, 심포, 군산의 옥구, 하제, 남수라, 내초도 갯벌들이 새만금 간척사업으로 곧 사라지게 된다.

그 중에서 해창 갯벌은 해안선을 따라 길게 발달된 진흙 갯벌이다. 해안선 주변의 경치가 아름다우며, 상용 전력을 생산하는 차세대 풍력 발전 시스템이 설치되 있다.

주머니칼처럼 생긴 가리맛조개 잡기는 즐거운 추억이 되며 가리맛조개를 잡다 보면 어느새 진흙이 온몸에 묻게 되어 머드팩을 한 것과 다름이 없다. (전라북도 부안군 사서면 백련리)

주요 관찰 생물

길게, 칠게, 농게, 두토막눈썹갯지렁이, 가리맛조개, 따개비, 보말고둥, 눈알고둥 등

부안군 홈페이지 : http://www.buan.go.kr
Tel. (063)580-4224

섬이 육지로 변한 계화도 갯벌

계화도는 원래 섬이었으나 1963년에 시작한 간척사업으로 지금은 육지가 되었다. 계화도 동 · 북 · 서쪽으로는 드넓은 갯벌이 펼쳐지는데, 특히 동진강과 만경강이 유입되는 까닭에 하구 갯벌이 잘 발달되어 있어 철새는 물론 다양한 생물들이 서식하고 있다.

계화도 갯벌은 넓은 진흙 벌로 이루어졌으며, 널리 알려진 것과는 달리 한적한 편이다. 어민들에게 고소득을 올려주는 어족으로는 강과 바다를 오르내리며 자라는 뱀장어가 있다. 해마다 봄이 되면 새끼 뱀장어(실뱀장어)가 바다에서 거슬러 오고, 가을에는 강에서 성장한 뱀장어가 번식을 위해 먼 바다로 돌아간다.

계화도 주위에는 계화도 봉수대가 있는데, 옛날에 통신 수단으로 사용했던 것으로 계화도 계화산 꼭대기에 있다. 이 봉수대는 남으로는 대항리 점방산에 있는 봉수대와 연결되고 북으로는 김제 진봉면 심포 길곶 봉수대와 연락되는 통신 수단이었다. 현재의 봉수대는 1995년에 복원된 것이다. 또한 간척사업으로 생긴 논에서 나오는 계화도 쌀은 맛이 유명하다.

계화 방조제

(전라북도 부안군 계화면 계화리)

주요 관찰 생물

길게, 칠게, 농게, 두토막눈썹갯지렁이, 가무락조개, 동죽, 백합, 왕좁쌀무늬고둥, 바지락, 따개비, 보말고둥, 눈알고둥, 갯메꽃, 나문재, 칠면초 등

부안군 홈페이지 : http://www.buan.go.kr
Tel. (063)580-4224

변산 해수욕장으로 유명한 변산 갯벌

변산 해수욕장에 있는 갯벌은 모래가 부드럽고 수심이 알맞으며 넓게 펼쳐진 갯벌로, 갯벌보다는 해수욕장으로 잘 알려져 있다.

해변 주위에는 푸른 솔숲이 어우러졌다 하여 '백사청송' 해수욕장으로도 불리며, 더욱이 평균 수심이 1m 밖에 되지 않고 수온이 따뜻해서 해수욕장으로서의 조건이 아주 좋다.

변산반도 국립공원에 속해 있는 이곳은 주변에 대항 조개무지, 월명암, 직소폭포, 채석강, 하섬 등 명승지가 많아 더욱 각광받는 곳이다. 요즘에 한창 떠들썩한 새만금 간척사업 현장도 볼 수 있다.

갯벌에서 게를 보고 신기해 하는 아이들

여름에 모래 갯벌도 탐사하고 해수욕을 즐기면 안성맞춤이다. 해변 가장자리에 널려 있는 바위에서는 고착 생물들을 볼 수 있다.

(전라북도 부안군 변산면 도청리)

주요 관찰 생물

엽낭게, 달랑게, 갯강구, 따개비, 담치류, 서해비단고둥, 담황줄말미잘, 풀색해변말미잘, 측해변말미잘, 총알고둥, 왕좁쌀무늬고둥, 집게류, 아무르불가사리, 별불가사리, 해당화, 통보리사초, 좀보리사초, 갈대, 갯메꽃 등

부안군 홈페이지 : http://www.buan.go.kr
Tel. (063)580-4224

전라남도 지역의 갯벌

영광에서 무안, 함평, 목포를 거쳐 해남에 이르는 전라남도의 해안은 굴곡이 심하고 섬도 많아 매우 아름다운 곳이다.

이 곳의 갯벌은 대부분 임자도, 지도 주위와 함평 해안가에 분포해 있다. 이 곳에는 영산강 하구 지역을 제외하면 지금까지 개발된 곳이 없으나 앞으로 서해안 개발이 진행되면 더 이상 자연적인 갯벌은 보기 힘들 것이다.

특히 이 지역은 대부분의 갯벌이 움푹 패인 만이기에 군산, 김제, 부안에 이르는 전라북도의 갯벌처럼 광활한 맛은 없지만 여기저기 흩어져 있는 갯벌들이 많다.

이 지역은 교통이 불편하여 아직까지 정확한 조사를 하지 못하고 있으나 신비의 바닷길로 이어지고 있는 회동 갯벌과 송호 갯벌 등이 있다.

땅끝 마을에 있는 송호 갯벌

땅끝 마을에서 해가 뜨는 갯벌

해남읍에서 남쪽으로 약 41km 가량 떨어져 있으며, 한반도에서 가장 남쪽 땅끝에 자리잡은 모래 갯벌이다. 백사장이 좋아 해수욕장으로도 유명하다.

해안선을 따라 오래된 아름드리 소나무가 울창한 숲을 이루고 있어 피서지로도 안성맞춤이다. 썰물 때마다 드넓게 드러나는 갯벌에서 고둥, 소라 등을 잡는 재미도 쏠쏠하며 주변의 갯바위에서는 바다 낚시를 즐기는 강태공들을 쉽게 볼 수 있다.

이 곳 땅끝 마을이 관광지로 개발되기 시작한 것은 지난 86년부터이며, 땅끝에서 바라보는 우리 국토와 다도해의 아름다움을 알리기 위해 높이 10m의 탑을 세워 놓은 것을 볼 수 있다. 사자봉에 오르면 섬 너머에서부터 떠오르는 일출을 볼 수 있다. (전라남도 해남군 송지면 송호리)

주요 관찰 생물

갯고둥, 갯우렁이, 댕가리, 비단고둥, 담황줄말미잘, 풀색해변말미잘, 측해변말미잘, 갯메꽃, 통보리사초, 좀보리사초 등

해남군 홈페이지 : http://www.haenam.chonnam.kr
Tel. (061)530-5114

신비의 바닷길로 유명한 회동 갯벌

진도 대교를 건너 동남쪽에 위치한 회동 마을은 세계적으로 널리 알려진 신비의 바닷길이 있는 곳이다.

고군면 회동리와 의신면 모도리 사이 약 2.8km가 조수간만의 차이로 수심이 낮아질 때 바닷길이 드러난다. 흔히 '모세의 길' 로 불리는 이같은 바닷길은 여천군의 사도, 보령시의 무창포, 화성군의 제부도에서도 볼 수 있지만 회동리는 바닥 전체가 드러나는 것이 아니라 40m 정도의 똑같은 폭으로 바닷속에서 길이 만들어진다는 데 신비로움이 있다.

이런 현상은 조수간만의 차에 의해 수심이 낮아져 생기는 현상으로 태양과 달, 지구가 만들어 낸 합작품이라 할 수 있다. 1년에 10차례 정도 길이 생기며 4월에서 7월에 가장 많이 열린다.

4월에는 국제적 문화 축제로 자리잡은 진도 영등 축제가 열리며, 축제마당에는 영등살 놀이, 씻김굿, 다시래기, 강강술래, 해상 선박 행진 등

진도군의 풍요로운 자연 환경과 독특한 전통 민속이 어우러진 볼거리가 곁들여진다.

영등 축제는 바람을 부리는 영등신에게 풍어를 기원하던 진도의 전통과, 뽕할머니가 호랑이를 피해 모도로 떠난 가족들을 만나게 해달라고 용왕에게 빌어 바닷길이 열렸다는 전설을 기리기 위한 것이다. 드러난 갯벌 주위에서 여러 고착 생물과 고둥 등을 관찰할 수 있다.

(전라남도 진도군 고군면 회동리)

주요 관찰 생물

큰구슬우렁이, 댕가리, 맵사리, 피뿔고둥, 대수리, 눈알고둥, 따개비, 담치류, 털군부, 파래, 미역, 담황줄말미잘, 풀색해변말미잘, 측해변말미잘 등

진도군의 뽕할머니 동상

진도군 홈페이지 : http://www.jindo.go.kr
Tel. (061)544-2181

독일의 갯벌

물개와 철새가 같이 사는 갯벌 (출입금지 지역으로 보호)

독일 북해 연안은 우리나라 서해안과 함께 세계 5대 갯벌 중에 하나이며 덴마크의 에스비에르크 지방과 네덜란드의 헬더 지방까지 연결되어 있는 흑해 해안에 있는 갯벌이다. 총면적의 60% 정도는 독일에, 30%는 네덜란드에, 그리고 10% 정도가 덴마크에 속해 있으며, 독일 내 면적의 절반이 니더작센(Niedersachsen) 지방에 속해 있다.

독일은 슐레스비히 홀스타인(Schleswig-Holsteinisches) 해안의 갯벌, 니더작센 지방의 갯벌, 함부르크(Hamburgisches) 해안의 갯벌 등을 각각 국립공원으로 지정하여 보호하고 있다. 이렇게 세계적으로도 매우 이례적으로 국립공원으로까지 지정해 보호하는 니더작센 갯벌은 지난 1993년 '유네스코 세계 자연유산' 으로 등록되어 세계적인 자연 보호 유산으로 인정받게 되었다.

갯벌 국립공원을 관리하는 가장 기본적인 원칙은 철저한 조사 연구를 통해 해안가에서 떨어진 정도나 보호해야 할 생태계의 가치 등에 따라 보전 방법과 생태관광을 달리하는 것이다.

미국의 갯벌

미국은 큰 국토 안에 다양한 습지가 존재하는데 대부분은 동부에 위치하고 있다. 미국 해안은 우리나라와 반대로 경사가 급한 서부해안에는 갯벌이 거의 존재하지 않는다.

미국도 초창기인 1970년대 초까지만 해도 습지의 중요성을 인식하지 못하였고, 습지에 관련된 정책이 불분명하여 어느 기관은 습지 파괴를 장려하고, 다른 기관에서는 습지 보존 정책을 장려하였다. 그 결과 미국에 존재했던 습지 면적은 반이 넘게 파괴되었고 현재에는 대략 400만km^2 정도가 남아있다고 한다.

우리나라와 같이 염생 식물이 자란다

미국에는 습지 관리를 총괄하는 단일법이 없고 연방정부, 주정부, 지방정부의 특성에 맞게 습지 규제에 관한 법률이 각각 제정되어 있다.

그러나 주마다 법은 다르지만 기본 개념은 동일하다. 그 개념은 미국에서는 더 이상의 습지 손실이 일어나지 않도록 하겠다는 정책으로, 만약 습지를 개발하려면 다른 지역에 개발 면적 이상으로 습지를 조성해야 한다는 것이다.

일본의 갯벌

도심 속에 있는 갯벌

일본은 우리와 역사적으로 많은 인연을 갖고 있다. 1만년 전에는 지질학적으로 한반도와 일본이 한 덩어리였다는 추측도 있으며, 갯벌을 매립하여 농토와 공업단지로 만드는 기법을 전수한 나라이기도 하다. 일본은 우리나라와 비슷하게 갯벌을 매립하여 부족한 농토와 산업단지, 쓰레기 매립장, 주택용지로 개발했다.

일본은 갯벌 매립으로 인하여 이미 50%가 넘는 갯벌을 잃었다고 한다. 산반제 갯벌, 후지마에 갯벌 등은 현재도 개발 중에 있으며 우리나라 상황과 매우 흡사한 점이 많다.

일본의 갯벌은 우리나라 서해안 갯벌처럼 넓게 발달되어 있지 않다.

자원봉사자의 안내를 받으며 갯벌을 탐사한다

일본에서 유일하게 1993년 람사 협약에 의한 보호구역으로 지정된 갯벌로 야쯔 갯벌이 있다. 이 곳의 넓이는 단지 초등학교 운동장 2배 정도의 작은 규모일 뿐이다. 그리고 일본 도시의 특징 중 하나인 고층건물들이 갯벌 주위로 빽빽하게 들어서 있다.

네덜란드의 갯벌

육지가 바다보다 낮고, 풍차가 많은 나라 네덜란드는 농토를 넓히기 위하여 많은 해안 습지를 매립했다. 특히 북해 이젤만과 마르크만을 막은 32.6km의 대(大) 제방을 건설했는데 그 당시만 해도 자연과 싸워 이긴 국민이란 자부심을 가지고 있었다.

바닷물이 드나드는 갑문

그러나 지금은 이 제방이 재앙을 불러다 주고 있다. 간척지는 걸핏하면 물이 넘쳐 홍수가 나고 농사도 해마다 흉년이 되어 결국 네덜란드인들은 간척지를 습지로 되돌려 놓는 역간척의 결단을 내렸다. 갯벌을 매립하여 간척지로 만드는데 으뜸이던 네덜란드가 이젠 간척지를 복원하려는 노력에서도 최고가 된 것이다.

풍차로 유명한 네덜란드

네덜란드는 갯벌이 사라진 후 가중되는 환경오염과 자연재해를 도저히 감당할 수 없게 되자 간척지를 만들었던 당시와 비교할 수 없는 막대한 비용을 감수하면서 제방에 바닷물이 드나들 수 있는 갑문을 설치하여 습지로 되돌리는 복원공사에 나섰다.

네덜란드인들은 자연을 파괴하고 얻은 이익은 오래 가지 않아 자연에게 다시 되돌려 줘야 한다는 것을 깨닫게 된 것이다.

갯벌여장군
새만금대장군

4 갯벌의 개발과 환경이야기

갯벌의 간척지 개발

우리나라 서해안과 남해안은 해안선이 길고 구불구불하며 주위에 크고 작은 섬들이 많아 해안선 전체가 갯벌로 형성되어 있다. 전체 크기는 약 2,400km^2로 전 국토 면적의 2.5% 정도를 차지한다. 그 중 약 83% 정도가 서해안쪽에 분포되어 있다.

또한 경사가 완만하고 조수간만의 차가 크며, 한강 · 금강 · 영산강 · 만경강 · 동진강 등에서 유입되는 부유물이 풍부하여 최적의 갯벌을 형성한다. 이런 이유로 우리나라의 갯벌은 국토는 작지만 크기나 가치면에서 독일 · 영국 · 네덜란드의 북해 연안, 브라질의 아마존강 유역, 캐나다의 동부 해안, 미국의 동부 해안과 더불어 세계 5대 갯벌 중 하나이다.

이처럼 세계적인 갯벌이 농지 확보, 수자원 개발, 공업단지 조성 등의 목적으로 사라지고 있다.

이렇게 사라진 갯벌은 전체 면적의 약 33%에 달한다.

충청남도 당진군(석문 방조제)

간척지란 바닷가나 호수에 제방을 쌓고, 그 안에 있는 바닷물을 빼내어 육지로 만든 새로운 땅이다. 이때 생긴 염분(소금) 농도가 묽어진 호수를 담수호라 하고, 바닷가 주변에서 바닷물이 들어왔다 나갔다 하는 넓은 지역인 공유수면을 메워 육지로 만드는 것을 매립이라 한다.

간척지를 만드는 장소는 크게 두 가지로 나뉜다.

첫째로, 바다의 일부가 육지로 휘어 들어가 있는 부분인 해만에 긴 방조제를 쌓아 만드는 것으로 방조제 안쪽의 넓은 갯벌에 인공 담수호와 농업용지나 공업용지를 만든다. 방조제를 쌓는 간척사업은 많은 갯벌을 사라지게 하고 바닷물의 흐름을 변경하여 연안 생태계에 큰 변화를 가져온다. 대표적으로 시화 방조제, 대호 방조제, 새만금 방조제 등이 있다.

방조제 모양(고흥 방조제)

둘째로, 강물과 바닷물이 서로 만나는 강 하구에 하구둑을 쌓아 만든다. 하구둑은 하천 하구에 바다물의 역류를 막기 위해 건설되는 둑으로 농업용수, 공업용수, 생활용수 확보와 염해방지, 하천부지 확보, 도로건설, 철새 서식지 등을 제공한다. 그러나 하천 하류의 수질 악화와 어류의 출입 통제로 생태계에 큰 변화를 가져 온다. 대표적으로 영산강 하구둑, 금강 하구둑, 낙동강 하구둑 등이 있다.

방조제, 하구둑, 매립은 갯벌을 사라지게 하는 가장 큰 원인이다. 이렇게 자꾸만 사라져 가는 갯벌에 대하여 갯벌을 보존하고 생태적 가치를 살리고 이용하자는 입장과 갯벌의 생태적 가치를 포기하고 토지를 얻어 더 큰 경제적 가치를 얻자는 입장으로 분류되고 있다.

하구둑 모양(금강 하구둑)

아직도 시화지구나 새만금지구 간척사업에서 보존과 개발에 대한 분쟁이 끊이지 않고 있다. 정부와 국민은 힘을 합하여 현재 놓여 있는 이익이 아닌 먼 훗날을 생각하여 현명한 방법을 찾아야 한다.

새만금 방조제(쌀을 생산할 수 있는 많은 농토를 만들어 낼 방조제)

새만금 간척사업 반대 설치물(지역 주민과 환경단체의 간척사업 반대 운동)

간척사업으로 사라진 갯벌

최근 10여년간(1987~1998) 지속적인 간척과 매립사업으로 상실된 갯벌 면적은 여의도의 약 95배로 갯벌 전체 면적의 약 33%가 감소되었다. 또한 현재 새만금 간척지구 공사가 완료되거나 평택 포승공업단지와 같은 곳곳의 작고 큰 매립지와 간척지를 합하면 사라진 갯벌 면적은 약 40%에 달하게 된다.

다시 살아난 갯벌(계화 방조제 옆 개화 갯벌)

해양수산부에서 발표한 갯벌의 사라진 면적을 살펴보면 경기도, 충청남도, 전라북도 지역의 갯벌이 많이 상실되었음을 알 수 있다. 그 이유는 이 지역에 갯벌이 많이 분포되어 있으며, 특히 수심이 얕아서 매립이 용이하기 때문이다.

대표적인 간척사업 - 농어촌진흥공사 발표

간척지구	착공년도	완공년도	방조제총연장(m)	매립면적(km^2)	간척지 조성(km^2)
계화지구	1963년	1967년	12,810	39.68	25
남양지구	1971년	1973년	2,060	36.5	22.85
아산지구	1970년	1973년	2,564	31.97	3.97
삽교천지구	1976년	1979년	3,360	25.94	245.74
영산강2지구	1978년	1982년	4,350	108.2	55
서산지구	1980년	1995년	7,686	154.09	111.14
대호지구	1981년	1984년	7,800	76.48	37
금강지구	1983년	1990년	1,841	36.5	430
남포지구	1985년	1997년	3,694	66.6	4.89
해남지구	1985년	1988년	1,874	30.21	18.42
금호지구	1989년	1994년	2,112	74	45.4
시화지구	1987년	1996년	12,676	173	103.22
석문지구	1987년	1998년	10,600	37.4	20.5
영암지구	1988년	1993년	2,219	128.16	79.6
고흥지구	1991년	1996년	2,853	31	18.6
새만금지구	1991년	공사 중	33,000	401	283

계화지구

계화지구 간척사업은 1967년 전라북도 부안군에 위치한 계화도 섬을 간척사업을 통하여 육지와 연결한 것으로 계화도 섬을 중심으로 양쪽에 방조제가 만들어졌다. 식량이 부족했던 1960년대, 간척사업에 의해 드넓은 대규모 농지가 개발되어 많은 양의 쌀을 생산하게 되었다.

계화지구 왼쪽 담수호 옆에 추수가 끝난 넓은 논이 펼쳐져 있다.

계화지구 간척사업은 식량생산 증대라는 국가시책과 함께 이루어진 것으로 당시에는 국토개발사업의 상징이었다.

지금은 방조제 주위로 새로운 갯벌이 형성되어 어업이 이루어지고 있으나 방조제는 아직도 포장되지 않은 흙길이다. 또한 담수호와 논이 사람의 생활 지역과 가까워 철새들이 서식하지 않는다.

농업용수로 사용되는 담수호인 계화호

남양지구

남양간척지구는 화성군 장안면 수촌리에서 우정면 이화리까지를 연결한 남양 방조제가 1973년에 완공되면서 담수호인 남양호와 주변에 간척지를 만들었다.

남양 방조제에서 갯벌쪽으로는 철조망이 군사목적으로 길게 쳐져 있고, 남양호는 농업용수는 물론 포승공업단지 및 화성지역 공업단지에 공업용수로 사용되고 있다.

수도권 근처에 있는 남양호는 강태공들이 즐겨 찾는 낚시터이기도 하고, 특히 남양간척지에서 생산되는 쌀은 경기미 중 질이 좋은 쌀로 유명하다.

남양지구 남양 방조제 위로 군사시설인 철조망과 멀리 포승공업단지가 보인다.

아산지구

아산간척지구는 충청남도 아산시 인주면 공세리에서 경기도 평택시 현덕면 권관리까지 연결한 아산 방조제가 1973년 완공되면서 인공 담수호인 아산호와 주변에 간척지를 만들었다.

안성천 하구에 축조된 방조제는 대단위 농업개발사업의 농업용수와 주변의 공단에 공업용수를 제공하고, 또한 바닷물이 만조시 역류하는 바닷물로 인한 염해 및 연안 침식을 방지하고 있다.

또한, 아산 방조제는 충청남도와 경기도를 연결하는 아주 중요한 교통요지로 많은 차들이 왕래하고 있다.

1997년도에는 아산지구를 국민관광지로 지정하여 주변을 관광지로 개발하였다.

아산지구 아산 방조제와 오른쪽에 새로 형성된 갯벌 위에 그물을 친 나무 기둥이 수없이 박혀 있다.

삽교천지구

삽교천간척지구는 당진군 신평면 운정리에서 아산시 인주면 문방리까지 연결된 삽교천 방조제가 1979년에 완공되면서 인공 담수호인 삽교호와 주변에 간척지를 만들었다.

삽교천 지역은 넓은 평야와 갯벌을 가지고 있으면서 농사를 질 때 사용되는 농업용수를 확보하지 못하여 가뭄과 홍수의 피해가 많았고, 삽교천 하구에서 흘러드는 바닷물로 하구 유역 일대가 염해와 침식의 피해를 많이 받았다.

국민 관광단지로 개발 중인 방조제 주변

그러나 삽교천 방조제가 완공되면서 이런 문제를 해결하고 많은 농업용수와 공업용수를 확보하여 이 일대의 농업과 공업 발전에 큰 기여를 하고 있다. 특히 삽교천 방조제 도로는 서울에서 당진까지의 거리를 단축시키는 효과를 거두었다.

삽교천 방조제 갯벌은 새로 형성되었지만 어업활동은 없다.

영산강2지구

영산강 하구둑 간척사업은 1978년에 공사를 시작하여 1982년에 완공되면서 목포시와 영암 삼호반도 사이가 연결되어 하나의 생활권이 되었다.

하구둑 안쪽으로 담수호인 영산호가 생겨 농업용수를 충족시키고 목포시와 인근 무안, 함평 등에 생활용수와 공업용수를 공급하게 되어 산업발전에 크게 기여하고 있으며, 영산호 주위로는 많은 농토를 개발하게 되었다.

이런 하구둑을 건설하면 바다로 흘러나가는 강물을 막아 각종 용수로 이용할 수 있고, 밀물 때 바닷물이 강을 거슬러 올라와서 생기는 염해를 방지할 수 있다. 또한, 둑을 이용한 교통로 확보, 농경지 확장, 관광 자원의 확보 등 여러 가지 효과를 얻을 수 있다.

영산강2지구 갑문 오른쪽에 담수호인 영산호가 보인다.

서산지구

서산간척지구는 태안군 남면과 홍성군 서부면을 연결하는 방조제로 서산시 부석면을 경계로 해서 A지구(홍성군 서부면에서 서산시 부석면 구간)와 B지구(서산시 부석면에서 태안군 남면)로 나뉘어지며, 1995년에 완공되었다.

서산지구 간척지 안내도

서산간척지는 크게 농업용수를 공급하는 담수호와 농경지로 나뉘어져 있다.

A지구의 담수호는 간월호이며, B지구의 담수호는 부남호이다. 간월호로 유입되는 하천으로는 해미천, 고북천, 와룡천이 있으며 부남호에는 가사천, 태안천이 있다.

서산지구 간월호 주변에 만들어진 논과 한창 자라고 있는 벼

담수호 주변에는 갈대밭과 논에 떨어진 곡식들이 많고 사람이 사는 곳과 멀리 떨어져 있어 철새가 서식하기에는 최적의 조건이다.

매년 겨울이면 철새들을 구경하는 관광객들로 북적인다.

대호지구

환경농업 시범단지로 개발하고 수자원 확보와 농경지 확장을 목적으로 충청남도 당진군 석문면 교로리에서 서산시 대산읍 삼길포리를 연결하는 대호방조제를 1984년에 완공하여 만든 간척지구이다.

방조제 안쪽의 대호호에는 갈대숲이 넓게 자리잡고 있으며, 드넓은 논에는 추수 때 떨어진 곡식이 많아 겨울철에는 고니, 가창오리, 청둥오리 등 수많은 철새가 날아와 전국적인 철새 도래지로 알려져 있다. 그래서 철새 탐사여행으로 유명하고 많은 생태학자들이 찾는다.

또한 제방 중심에 농산물 직판장, 숙박시설, 체육휴양시설을 갖춘 농어촌 휴양지가 조성되어 관광 명소로 각광을 받고 있다. 여름철에는 수도권 지역 학생의 갯벌탐사 지역으로도 유명하다.

대호지구 갯벌이 없어지고 끝이 보이지 않는 드넓은 논이 펼쳐져 있다.

금강지구 철새 도래지로 유명한 금강호

새로 개관한 철새 조망대

금강지구

전라북도 군산시 성산면 성덕리에서 충청남도 서천군 마서면 도삼리까지 연결한 금강 하구둑이 1990년에 완공되면서 인공호수인 금강호와 주변에 간척지를 만들었다.

금강호는 충청남도 서면, 부여, 전라북도 군산, 익산, 김제를 비롯한 완주군 등에 농업용수와 공업용수를 공급하고 있다.

10년 전까지만 해도 군산에서 장항으로 가려면 뱃길로 왕래하였던 것이 지금은 하구둑이 생기면서 군산과 장항 사이를 자동차로 왕래하게 되었고, 주변 경관이 좋아 관광객들의 발길이 끊이지 않고 있다.

금강호 주변에는 넓은 갈대숲과 가을에 추수할 때 떨어진 곡식들이 많아 겨울 철새 도래지로 유명하다. 11월 이후에는 가창오리는 물론 고니, 검은머리물떼새, 검은머리갈매기 등 희귀한 새들이 찾아오므로 겨울 방학 동안 어린이를 동반한 가족여행지로도 좋으며, 금강 철새 조망대에서 겨울에 찾아오는 철새들을 관찰할 수도 있다.

남포지구

남포지구 간척사업은 간척농지 종합개발사업으로 보령시 남포면 일대에 남포 방조제를 완공한 것으로, 남포 방조제가 만들어지면서 인공 호수와 많은 농토가 만들어졌다. 또한, 원래는 남포면 월전리 앞바다에 두둥실 떠있던 죽도가 방조제와 연결되어 섬이 아닌 섬이 되었다. 섬 전체에 울창한 대나무가 가득하여 대섬이라고도 하였고, 지금은 죽도유원지로 지정되어 많은 사람들이 오간다.

남포 방조제는 대천과 가깝고 주위에 대천해수욕장과 무창포해수욕장이 있어 여름철에는 많은 사람들이 찾는 명소이다.

남포 방조제 오른쪽이 바닷물이고 멀리 작은 죽도가 보인다.

해남지구

땅끝 마을인 전라남도 해남군 황산면 징의도 부근 간척지로 1988년에 완공되었다. 고천암 방조제가 있으며 약 3km²의 고천암 호수가 있다. 호수 주위로 넓은 논이 펼쳐져 있으며, 호수 주위와 호수 안에는 많은 갈대가 자라고 있어 전형적인 습지 모습을 갖추고 있다.

호수 및 간척지 주위에는 겨울 동안 2만 마리 정도의 가창오리가 겨울을 지내고 가지만, 최근에는 방조제 보수공사가 한창 진행되고 있어 철새들이 오지 않고 있다.

해남지구 | 고천암호 주변의 갈대와 넓게 펼쳐진 논

금호지구

금호지구 간척사업은 1994년 영산강Ⅲ-2(금호)지구 종합개발 사업지구로 금호도를 중심으로 해남군 산이면과 화원면을 잇는 방조제로 지령산과 금호도를 연결하는 금호1방조제와 속금달도와 달도를 연결하는 금호2방조제로 이루어졌다.

방조제 안쪽은 금호호인 담수호와 농토를 만들었는데 일부 농사를 짓는 곳과 논으로 만드는 작업이 진행 중에 있다.

담수호인 금호호는 주변의 가축 사육으로 발생하는 오염으로 인해 수질이 3~5급수 정도이다.

금호지구 논으로 개발된 지역과 금호호 위쪽 부분

시화지구

시화지구는 경기도 시흥시 오이도와 옹진군 대부면 방아머리까지 연결한 시화 방조제가 1996년에 완공되면서 시화호와 많은 간척지를 만들었다.

시화 방조제 개발사업은 경기도 안산시, 시흥시, 화성군 등 3개 시 · 군을 연계 개발하는 것으로 간척지와 배후지를 개발하여 수도권의 공업용지와 도시용지 공급 및 우량농지로 첨단 복합 영농단지를 조성하고, 수도권에 농어촌 휴식 공간을 조성하고자 시행하는 사업이다.

그러나 시화호는 간척사업 중 대표적인 실패 지역으로 꼽힌다. 담수호로 만들어야 할 호수를 포기하고 바닷물을 다시 유입시켜 바닷물이 들어 있는 해수호가 되었다. 이것은 시화호에 유입되는 오염물질이 심각하여 농업용수는 물론 공업용수로도 도저히 사용할 수 없으므로 결국 바닷물을 호수에 다시 유입시켜 오염물질을 제거하고 시화호를 다시 살리게 되었다.

시화 방조제 다른 방조제와 달리 오염 때문에 담수호가 아닌 바닷물이 들어 있다.

시화호 갈대습지공원 국내 최초의 대규모 인공 습지이다.

이런 노력으로 겨울철에는 각종 철새들이 찾아오는 시화호의 모습을 인근 방아머리 선착장과 방조제 시작 부근에서 쉽게 볼 수 있다. 각종 도요새와 천연기념물인 검은머리물떼새, 각종 백로 및 오리류 등 수많은 철새들이 찾아오고 있다.

시화호 주변에 있는 시화호 갈대습지공원은 시화호로 유입되는 지천인 반월천, 동화천, 삼화천의 수질 개선을 위하여 갈대 등 수생 식물을 이용하여, 자연정화처리식 하수종말처리장으로 하수를 처리하기 위한 시설물로 한국수자원공사가 시행한 국내 최초의 대규모 인공 습지이다.

자연과 접하기 어려운 도시민이 자연 속에서의 휴식은 물론 생태계를 이루는 생물들이 어떻게 서식하는지를 관찰하고 학습할 수 있도록 조성된 생태공원이기도 하다.

석문지구

석문지구 간척사업은 1998년 간척농지 종합개발사업으로 당진군 송산면 가곡리에서 석문면 장고항리까지 석문 방조제를 완공한 것이다. 방조제가 만들어지면서 생긴 인공호수인 석문호와 간척지가 만들어졌으며, 농토와 공단부지 조성사업이 진행되고 있다.

담수호 주변에는 크고 작은 갈대들이 숲을 이루고 있어 철새들이 서식하기에 좋다. 그러므로 방조제 공원사업과 농토조성 사업시 이 곳이 철새들의 서식지라는 것을 고려해야 한다.

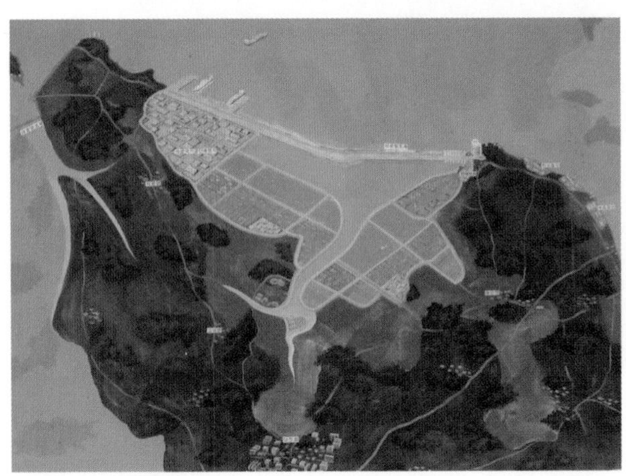

석문지구 개발계획 안내도

석문 방조제 왼쪽이 바닷물이고 오른쪽이 담수호이다(농지 개발 중).

영암지구

영암간척지구는 1993년 영산강III-1(영암호)지구 종합개발 사업지구로 영암군 삼호면 황도와 해남군 산이면 구성리를 잇는 영암 방조제가 완공되었다.

방조제 안쪽에 생긴 영암호에는 계곡천과 옥천천으로부터 적은 물이 공급되며, 영암호 주변에는 철새들이 서식하거나 오염물질을 정화하는 갈대가 우거져 있다.

간척지는 논으로 만들어 농사를 짓고 있으며 가을 추수 때 떨어진 곡식이 많아 철새들이 서식하기에 최적의 조건을 갖추고 있다. 하지만 담수호의 수질은 3~5급 정도로 점점 나빠지고 있다.

영암지구 영암 방조제 왼쪽이 바닷물이고 오른쪽이 철새가 서식하는 갈대밭과 담수호이다.

고흥지구

고흥간척지구는 전라남도 고흥군 도덕면에서 두원면 풍류리까지 연결한 고흥방조제가 1996년에 완공되면서 인공 담수호인 고흥호와 넓은 간척지를 만들었다.

담수호와 방조제 사이에는 꽃동산이 조성되어 있다. 고흥호 주변 가장자리를 따라 폭넓게 갈대숲이 분포되어 있으며, 호수 주변에는 한가로이 오리떼들이 쉬고 있는 것을 볼 수 있다.

사람의 생활 지역과 멀리 떨어져 있어 농토 조성이 완료되면 많은 철새들이 찾을 것이다.

방조제를 쌓기 위해 깎여진 산

담수호를 바다로 흘러 보내는 배수갑문 갑문은 방조제에 꼭 있으며 평상시에는 닫혀 있다.

인천매립지구

인천 해안지역은 여러 가지 목적으로 곳곳을 매립하여 갯벌을 파괴하고 있다. 인천 송도 신도시와 김포매립지, 인천 국제공항 배후지인 영종도와 용유도, 무유도 등지를 대상으로 추진되었다.

사라진 갯벌과 주변 지역 면적이 여의도 면적의 70배에 달하며, 송도매립지구, 영종매립지구, 청라매립지구(김포매립지구)를 국제경제 자유구역으로 지정하여 한창 개발 중이다.

송도매립지구 국제경제 자유지역으로 개발 중이며 왼쪽으로 황폐화된 갯벌이 보인다.

송도매립지에는 국제 비즈니스센터, 호텔, 백화점, 주거단지, 골프장 등을 건설하고, 청라매립지구(김포매립지구)는 국제금융지원센터 후보지로 국제 업무 및 외국인 주거단지와 골프장, 화훼단지, 테마파크 등을 짓는다. 영종매립지구는 인천 국제공항을 중심으로 물류산업단지, 주거, 관광, 국제업무단지 등을 조성한다.

이제 인천에는 갯벌이 없다. 매립할 수 있는 지역은 모두 매립하거나 매립 계획 중이다. 환경 보존을 위해 더 이상 갯벌 생태계 파괴는 없어야 할 것이다.

새만금지구

우리나라 최대 규모의 담수호가 조성될 새만금 방조제 개발지구의 사업 구역은 전라북도 군산, 김제, 부안 등을 연결하는 사업이다. 1991년부터 시작한 사업으로 방조제 길이가 우리나라 방조제 중 가장 길다.

주 사업 목적은 해면을 토지와 담수호로 개발하는 것이다. 이것은 육지 안쪽으로 바다가 들어간 만을 막는 간척사업과는 달리 넓은 갯벌을 섬과 섬을 연결하여 막는 간척사업이다.

그러나 농지 조성과 수자원 개발이 주된 목적인 새만금 간척사업은 새로 조성될 새만금 담수호에 만경강과 동진강에서 유입

새만금 지역 갯벌 살리기 운동

새만금 간척 개발 사업 안내도

되는 많은 수질 오염으로 인해 당초 계획대로 농업용수를 4급수로 유지할 가능성이 희박하다.

이미 한번 경험한 시화호와 같이 방조제가 완성된 후 새만금 담수호가 오염될 경우 회복에 엄청난 비용이 들어가는 것은 물론 회복 자체도 불가능하다.

새만금 간척 사업 중단 이후 정부, 지역 주민, 환경 단체, 각계 전문가 등 모든 국민이 지혜를 모으면 이미 파괴된 갯벌을 되찾을 수 있을 것이고, 또한 전라북도 지역의 발전, 새만금 갯벌 보전 방안, 이미 만들어진 방조제 문제 해결 등의 방안이 모색될 수 있을 것이다.

새만금 방조제
아시아에서 가장 긴 새만금 방조제가 펼쳐져 있다.

갯벌을 간척하여 생기는 이익

간척사업을 주도하고 있는 농업기반공사는 다음과 같은 긍정적 효과를 내세워 대규모 간척사업을 대기업과 함께 국책사업으로 추진하고 있다.

우리나라는 국토가 좁고 주택과 공단으로 인하여 없어지는 농지를 간척지로 개발하여 쌀 생산을 증대시키고 있다. 소규모 농사에서 대규모 농

논이 된 갯벌 맛이 좋은 쌀을 생산하는 계화지구

사로 기계화 영농을 통한 생산성의 향상을 높이고 있으며, 간척사업시 생긴 담수호의 물을 이용하여 농사를 짓거나 공장을 돌리는 등 생활용수를 얻고 있다.

또한, 방조제를 이용한 새로운 도로와 간척지 내의 도로 건설로 교통이 좋아지고, 간척지 개발로 생긴 방조제와 담수호 및 농경지에 찾아드는 철새는 새로운 관광 명소를 만들어 낸다. 이러한 산업단지 조성 등으로 인하여 새로운 일자리가 만들어지는 효과도 있다.

교통을 편리하게 한 영산강 하구둑

금호호 각종 용수로 사용되는 담수호

갯벌을 간척하여 생기는 문제

간척사업을 이유로 무분별하게 갯벌을 매립하게 되면 자연생태계의 변화뿐만 아니라 경제, 사회, 문화, 기후 등에도 다양한 형태로 문제가 발생한다.

갯벌은 강과 육지가 만나는 경계지대에 있어 많은 종류의 생물이 살고 있다. 어류, 조개류, 게류, 새우류 등 다양한 생물들이 어울려 먹이사슬 관계를 유지하고 있다. 이처럼 먹이사슬의 첫 번째 단계에 있는 갯벌은 연안 생태계와 직접적인 연관이 있으며, 특히 어류의 먹이와 산란을 위한 장소로 중요한 역할을 한다.

이런 갯벌이 인간의 개발로 인하여 사라진다면 연안 생태계는 파괴되고 어류의 먹이도 줄어든다. 먹이가 줄어들면 어류가 다른 장소로 떠나게 되고 이로 인하여 어획량이 급격히 감소하게 된다.

담수호로 변해 어업을 포기해야 하는 새만금 지역의 갯벌 모습

갯벌이 사라지는 것은 연안 생태계의 파괴와 더불어 어민들의 삶의 터전이 사라지는 결과를 가져온다.

바다를 삶의 터전으로 삼고 생활하던 어민들은 간척사업을 통해 일시적으로는 많은 돈을 보상받지만, 그 대가로 후손에게 물려줄 바다를 버리고 도시로 이동하게 된다. 또한 바다를 끼고 대대로 이어오던 해양문화와 역사는 어민들이 흩어지면서 그 맥을 이어주지 못하고 있다.

갯벌에 버려진 배

갯벌에는 약 1만 2천여 종에 달하는 많은 종류의 생물이 서식하고 있다. 이런 생물은 각종 어류의 서식에 크게 영향을 끼쳐 어민의 어업 활동에 많은 영향을 준다. 뿐만 아니라 갯벌은 많은 철새들의 휴식처가 되기도 한다.

인천에 있는 강화도 서도면 일대 갯벌은 이곳을 찾는 저어새, 노랑부리저어새, 노랑부리백로, 넓적부리도요, 큰기러기 등 세계적으로 멸종 위기에 처한 철새들을 보호하기 위해 천연기념물로 지정되었다. 강화도 일대에는 작은 섬들이 많아 새들에게 중요한 번식지가 되기도 한다.

따라서 강화도 갯벌은 호주에서 시베리아로 날아가는 철새들이 중간에 쉬어가는 곳으로 국제적으로 매우 중요한 지역이라 할 수 있다.

오염물질이 쌓이는 갯벌 주변

이미 세계 여러 나라는 갯벌의 가치를 크게 인식하여 갯벌을 매립하는 것을 엄격하게 금지하였음은 물론 미국, 독일, 캐나다 등은 국립공원으로 지정하여 철저하게 보존하고 있다.

또한 훼손된 갯벌을 복원하는 사업도 추진하고 있으며, 그로 인해 이미 많은 면적이 복원되었지만, 우리나라는 아직까지 갯벌을 보존하기 위한 법률조차 마련되어 있지 않은 상태이다.

현재 우리나라의 갯벌 보호 현실은 환경시민단체들의 노력에 겨우 의존하고 있는 실정이다.

당장 눈앞의 이익만 보는 경제적 가치만을 앞세워 갯벌 매립 계획을 세우고, 제대로 된 환경영향 평가나 개발의 타당성 검토 등도 거치지 않고 개발과 매립을 강행하고 있다.

이제부터라도 갯벌이 단순히 농지나 공업단지로 바꿀 수 있는 버려진 땅이 아니라 후손에게 물려줄 가치 있는 보존 지역이라는 것을 인식하고 갯벌의 보존 방안을 시급히 마련해야 하며, 국민들도 갯벌의 중요성과 풍부한 가치를 깨닫고 보호하고자 노력해야 한다.

매립된 갯벌에 뿌려지는 석탄재(당진 화력발전소)

갯벌의 개발로 인한 생태계 및 환경 변화

생태계의 변화가 생기는 강화 갯벌

강화 갯벌은 한강과 임진강에서부터 흘러내려온 퇴적물이 쌓여 형성된 하구 갯벌로 우리나라에 유일하게 남은 갯벌이다.

강화도는 우리나라에서 다섯 번째로 큰 섬으로 경기만 북부에 있고, 섬의 동쪽에는 김포반도와의 사이에 좁은 염하수로가 있다. 서쪽은 바다 물길인 석모수도가 있으며 서쪽과 남쪽으로 크고 작은 섬들이 있다.

이런 최상의 조건은 강화도 남단 초지리, 선두리, 동막리, 여차리, 장화리에 이르는 강화 남단 갯벌을 형성하고 있다.

강화도 남단의 갯벌

강화도 동쪽 염하수로가 흐르고 있다.

강화군과 인천 서구를 연결하는 초지대교 초지대교 밑에 염하수로가 흐른다.

지역 주민들의 삶의 터전이며, 수많은 해양 생물 및 조류들의 서식지인 강화 갯벌은 조석간만의 차가 7m 내외로 서해안에서 가장 적어 바다 안쪽으로 넓게 형성되어 있다. 이런 갯벌은 강에서 유입되는 풍부한 유기물과 넓은 갯벌에서 산소의 공급이 원활하기 때문에 많은 갯벌 생물이 존재하고 있다.

이처럼 풍부한 유기물과 수많은 갯벌 생물이 살고 있는 강화 갯벌은 세계적 멸종 위기에 있는 희귀새인 저어새, 검은머리물떼새가 집단 서식하고, 철새인 도요물떼새가 쉬어 가는 서식지가 되는데 중요한 역할을 하고 있다. 또한 여기서 조개와 갯지렁이를 잡아 생계를 유지하는 강화 주민들 역시 생태계와 아름다운 조화를 이룬다.

강화 갯벌은 세계 5대 갯벌 중 하나이다. 강화도 남단 갯벌에 대하여 국제자연보호연맹과

검은머리물떼새
(천연기념물 제326호)

강화군 서도면에 위치한 갯벌 검은머리물떼새가 서식한다.

아시아습지보호협약(AWB)은 해안의 독특한 지형, 멸종 위기에 처해 있는 동·식물의 서식지로서의 기능, 사회 및 경제적 가치, 생물의 산란지로서의 기능을 두루 갖춘 세계적으로 매우 중요한 갯벌이라고 평가하였다.

강화군 서도면 말도리 일대의 강화 갯벌은 전 세계적으로 600여 마리가 생존하고 있는 저어새(천연기념물 제205호)의 집단 번식지 및 철새 도래지로서의 역할을 감안하여 천연기념물로 지정하여 보호하고 있다.

이러한 해양생태계의 마지막 보고인 강화 갯벌에 인천공항이 들어선 영종도를 개발하면서 강화 갯벌은 생태계 혼란에 빠지고 있다.

강화도 남단에서 서쪽에 위치한 여차리 갯벌 곳곳에는 가무락조개, 동죽, 가리맛조개 등이 죽어 거대한 조개 무덤을 이루고 있다. 이것은 서식 환경에 급격한 변화가 있음을 나타내는 징후이다.

갯벌에 널려 있는 죽은 조가비, 동죽, 가리맛조개 등

모래와 펄이 적당하게 섞여 있던 혼합 갯벌이 진흙이 사라지고 모래 갯벌로 변화하고 있기 때문이다.

반면 강화도 남단에서 동쪽에 위치한 동검리 갯벌은 1997년도부터 계절에 관계없이 매년 4cm 정도의 진흙 펄이 쌓여가고 있다. 일반적으로 펄 갯벌은 일년에 0.5~1cm 정도 쌓이는 것이 정상이다. 이곳에는 지금도 계속 펄이 쌓여 갯벌에 들어가면 어른 허벅지까지 빠지는 등의 이상 징후와 변화로 어업은 생각도 못하고 있다.

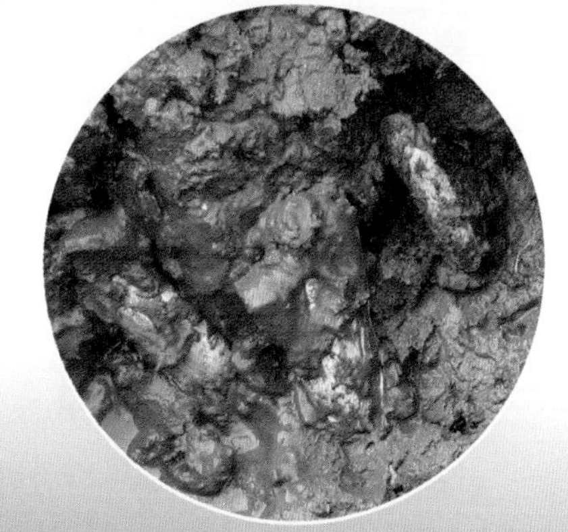

딱딱한 모래 갯벌에서 나온 죽은 조개, 조가비, 가리맛조개

여차리 갯벌 진흙이 사라져 움푹움푹 파인 갯벌

영종대교와 주위 갯벌

갯벌 변화의 가장 큰 이유는 바다 물길의 변화이다. 영종도 개발 이후 물의 흐름이 비정상적으로 변했기 때문이다. 원래는 동쪽에서 서쪽으로 흐르던 바닷물이 동쪽에서 남쪽으로 바뀐 것이다. 이는 갯벌 인근에서 진행된 대규모 공사 때문이다.

육지와 영종도를 잇는 영종대교를 만들면서 대교 아래를 매립하였고, 그로 인하여 바닷물의 흐름이 막혀 해수 속의 퇴적물이 고스란히 영종대교 아래에 쌓인 것이다. 또 동검리 앞쪽 물의 흐름이 느려지면서 퇴적물이 흘러가지 못하고 계속 쌓이고 있고, 반대로 여차리 지역은 물의 속도가 빨라 퇴적된 펄들이 유실되면서 모래 갯벌로 변하게 된 것이다.

갯벌이 검은 무산소층으로 변해
생물이 더 이상 살 수 없다.

진흙이 많이 쌓이고 있는 동막리 갯벌

동검리 갯벌을 살짝 파 보면 바로 검은 층이 나타나는데 이는 갯벌이 죽어가고 있다는 증거이다. 갑자기 퇴적물이 많이 쌓여 갯벌 속에 산소가 부족하여 생물이 더 이상 살 수 없는 무산소 환경이 되었기 때문이다.

갯벌의 대표적인 생물은 갯지렁이다. 갯지렁이는 갯벌에 공기 구멍을 뚫어 산소를 공급하여 정화 작용을 하기 때문에 갯벌에 없어서는 안될 존재이다. 강화 갯벌에는 무려 2m가 넘는 흰이빨참갯지렁이가 사는데, 주로 숭어 미끼로 쓰이던 이 갯지렁이에서 최근 혈전치료제와 세제에 필요한 단백질 분해효소가 추출됨으로써 갯벌의 가치는 더욱 커졌다. 그러나 무산소 환경은 갯지렁이는 물론 다른 갯벌에 살고 있는 생물의 숫자도 감소시키고 있으며, 이것은 실질적인 어획량 감소로 나타나고 있다.

흰이빨참갯지렁이를 꺼내는 모습

손을 깊게 넣어 흰이빨참갯지렁이를 잡고 있는 어민(동검리 갯벌)

조개는 공항 개발 전보다 90% 이상 감소하였고, 물고기나 새우의 어획량도 절반 가량 감소했다고 주민들은 안타까워하고 있다. 이런 이유로 어업을 포기한 주민들이 대대로 지켜온 고향을 떠나고 있다.

강화 갯벌을 보면 시화호나 새만금 간척사업처럼 직접적인 원인이 아닌 주변의 간접적인 원인만으로도 갯벌이 얼마나 크게 영향을 받는지를 알 수 있다.

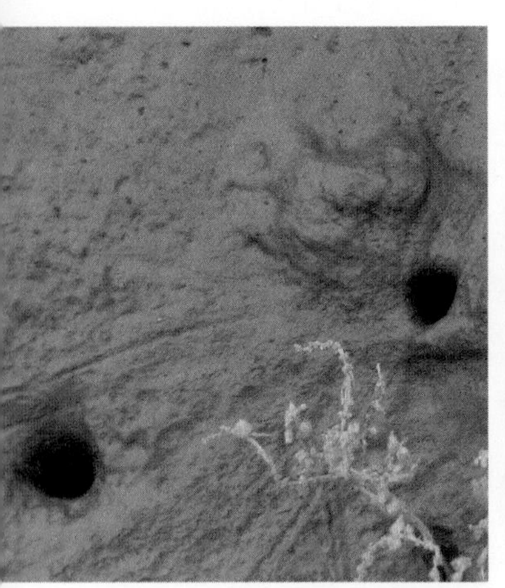

게와 갯지렁이 구멍 등은 갯벌에 산소를 공급한다.

갯벌에 사는 칠게의 모습

반면 강화도를 찾는 관광객은 최근 매년 증가하고 있다. 생태환경 관광이 인기를 얻으면서 동막리 갯벌에는 수도권에서 찾아오는 유치원생부터 어른까지 줄을 잇고 있다. 그러나 갯벌은 그 본연의 모습을 잃어버린 지 오래고, 흔한 게 한 마리 잡기도 어렵게 되었다. 강화 갯벌을 이런 상태로 더 방치한다면 다시는 원래 모습을 되찾을 수 없는 추억 속의 갯벌이 될지도 모른다.

세계적으로 보호받는 희귀새와 철새들의 서식지를 무분별한 개발과 훼손으로부터 보호하기 위하여 더 확실하고 근본적인 대책을 마련하고 습지보전법에 따라 강화도 남단 초자리에서 장화리까지의 약 87km²를 습지보전지역으로 지정해야 할 것이다.

갯지렁이를 잡아 먹고 있는 바닷새들

동막 갯벌 생태 관광지로 유명하다.

시화호를 다시 살린 바닷물

농어촌 진흥공사는 시화지구 간척종합개발 사업으로 6년 반에 걸친 공사 끝에 경기도 시흥시 오이도와 옹진군 대부면 방아머리를 잇는 시화 방조제를 완공하였다. 이로써 시흥시와 안산시에 여의도 면적의 60배에 해당하는 103km^{2}의 땅이 늘어났다.

공단부지, 농경지, 기타 넓은 땅과 담수호가 생겨나 연간 2천2만 톤의 식량과 1억 8천만 톤의 농 · 공업 용수를 확보하게 되었으며, 약 6,200억 원의 사업비가 들었다. 이것이 '죽음의 시화호' 의 시작인 것이다.

시화 방조제와 시화호

시화지구 간척종합개발 사업의 원래 목적은 시화 방조제를 건설하고 바닷물을 빼낸 뒤 삽교호 같이 담수호로 만들어 인근 농토와 간척지로 만든 농토에 농업용수를 공급하고 반월 및 안산공단에 공업용수를 공급하는 것이었다.

그러나 개발사업 목적과는 달리 방조제 공사 이후부터 반월 및 안산공단 주변 공장의 폐수와 주민들의 생활 하수가 들어오면서 심각한 수질오염 문제가 발생하였다.

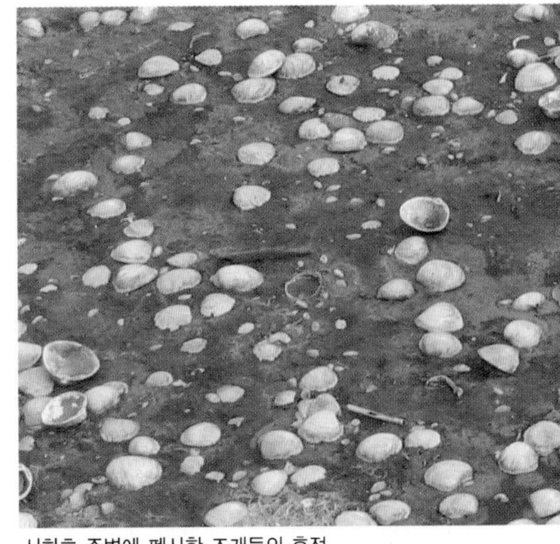
시화호 주변에 폐사한 조개들의 흔적

시화호 주변의 오염 흔적

도심에 오염된 하천이 그대로 유입됨

이렇게 발생한 오염으로 시화호는 조성된 지 3년도 못 되어 이른바 '죽음의 호수'로 바뀌었고 갯벌 개발로 발생한 환경오염의 표본이 되었다.

방조제로 갯벌이 막히면서 간척지의 소금 가루와 진흙 먼지가 바람에 날려 화성시와 안산시 대부도 일대의 포도 농작물이 해를 입었고, 수많은 조개와 물고기가 떼죽음을 당하였다. 또한 오염된 생물을 잡아먹은 희귀새와 철새들 역시 떼죽음을 당하게 되었다. 결국 시화호는 검붉은 썩은 물로 가득 찬 죽음의 호수가 되었다.

수질이 오염된 방대한 시화호

시화호 수질오염의 주원인을 살펴보면 다음과 같다.

첫째, 시화호 주변에 3천여 개의 공장이 들어선 반월·안산공단과 도시로 오염된 하천의 물이 그대로 흘러들어옴으로써 수질오염이 더욱 심각해졌다.

시화호 주변의 공장(반월)

둘째, 안산 하수처리장의 처리 용량이 부족해 흘러들어온 폐수의 일부가 처리되지 않고 그대로 시화호로 흘려보내졌다.

용량이 적은 하수처리장

셋째, 시화호에 흘러들어와 채워지는 물의 양에 비해 시화호의 용량이 너무 커서 호수 안에서 제대로 순환이 이루어지지 않아 흘러들어온 오염 물질이 대부분 시화호 바닥에 가라 앉게 되었다.

넷째, 농촌 지역의 가축 사육 증가로 호수 유역으로부터 흘러들어온 오염 물질이 시화호 내에 계속 축적되었다.

위와 같은 오염의 주원인을 해결하여 썩은 시화호를 살리기 위해 여러 방법을 동원했지만 결국 성과를 거두지 못하고 시화방조제 배수 갑문을 개방하여 바닷물을 시화호에 들여보내 오염 물질을 희석하고 바다로 내보냈다. 이에 따라 시화호의 담수화를 사실상 포기하였고, 시화호 물을 농업용수로 쓰지 못하게 되었다.

해양수산부는 시화호 및 인천 연안을 특별관리해역으로 지정하고, 시화호를 공식적으로 바닷물이 들어있는 해수호로 인정하였다.

배수갑문을 열어 바닷물을 시화호에 들여보내고 있다.

바닷물이 들어오면서 시화호에도 생명의 기운이 돌아오기 시작했다. 조개와 어류가 집단 폐사했던 곳에서 숭어와 같은 어류가 살기 시작했고, 갯벌 생물인 고둥과 풀게 등이 살며, 바닥에는 각종 수초들이 자라고 있다. 이들을 먹이로 살아가는 새들도 다시 날아들고 있다.

저어새(천연기념물 제205호)가 시화호를 찾아왔고 천연기념물인 검은머리물떼새도 살고 있다. 호수 주변에는 멧토끼, 너구리, 고라니 등이 살고 있는 흔적도 찾을 수 있다. 이것은 갯벌 생태계가 다시 살아나고 있음을 증명하는 것이다.

해수호 관리 계획으로 '시화호 특별관리해역 종합계획'을 세웠는데 이는 실패한 호수를 새롭게 활용하는 방안을 담고 있어 더욱 우리의 관심을 끌고 있다.

종합계획의 가장 중요한 핵심은 수질 개선이다. 이를 위해 우선 하천이나 하수를 통해 들어오는 오염원을 막기 위한 시설을 확충하고, 다음으로 바닷물의 흐름을 더 원활하게 하여 호수 안의 오염된 물을 깨끗한 바닷물로 희석한다. 이를 위하여 해양수산부는 물이 드나드는 배수 갑문을 새로 만들고 항만을 만든다는 계획을 세우고 있다. 그리고 밀물과 썰물 때 발생하는 조석의 에너지를 이용하여 24만kW 규모의 전력을 생산한다는 것이다. 이 조력발전소가 빛 좋은 청사진에 불과한 것이 아니라 정말로 실용화된다면 실패한 시화호를 성공한 시설로 전환하는 획기적인 계기가 될 것이다.

무엇보다도 기술적 가능성과 실용성을 철저히 검토해야 하며, 관련 기관들도 이해관계를 떠나 적극적인 협조가 필요하다.

농경지를 만들기 위하여 한창 매립 공사 중인 시화호 주변

그러나 시화호 북측 간석지 360만 평을 첨단 테크노밸리와 관광, 휴양, 중소기업의 연구 · 지원 · 제조 시설을 수용하는 복합 기능의 도시로 육성하는 북측 간석지 개발 계획이 다시 검토 중에 있다.

농업기반공사는 남측 간석지에 농업시범단지를 조성하고 시화호를 농업용수로 사용하지 못할 경우 화옹지구의 담수를 이용할 계획이며, 농경지는 매립공사 중에 있다.

죽은 시화호에 다시 찾아든 저어새와 철새들, 호수 바닥에 사는 고둥, 게와 같은 생물, 각종 수초들은 지금 한창 살아나기 위하여 몸부림치고 있다. 바닷물의 도움으로 조금씩 회생하고 있는 시화호를 또다시 죽음으로 몰고 가서는 안될 것이다.

지도를 바꾸는 새만금 간척사업

'새로운 만경평야와 김제평야'의 준말로 '새만금'이라 한다. 새만금 간척종합개발사업은 국토를 확장하고 산업용지 및 농지를 조성하기 위하여 전라북도 군산시, 김제시, 부안군 일대의 갯벌을 대상으로 하고 있으며, 여의도의 140배 규모로 간척사업을 진행해 오고 있다.

최근 환경단체의 새만금 간척사업 중단 촉구 운동에 공사가 중지된 상태에 있으며, 새만금 간척사업의 타당성 여부를 조사하고 있다.

개발과 환경의 조화를 내세운 홍보글

정부가 계획한 새만금 사업의 효과

- 150만 명 분의 1년치 식량 생산 : 283km²의 토지를 조성하여 연간 14만 톤의 쌀 생산량 증가
- 연간 10억m³의 수자원 확보 : 118km²의 담수호를 조성하여 연간 10억m³의 수자원 확보
- 상습 침수 피해지역 완전 해소 : 방조제 축조로 상류 만경강 · 동진강 유역 120km²의 상습 침수지역 완전 해소

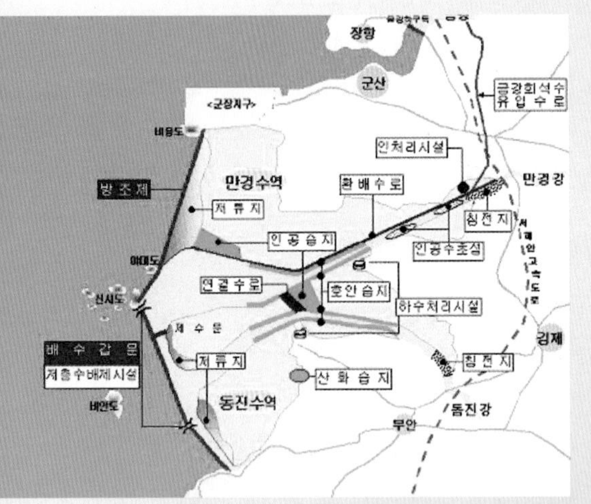

새만금 간척사업 계획 안내도

- 육로 운송 개선 및 종합 관광권 형성 : 방조제에 도로를 설치해 새로운 교통망을 구축하고 군산, 고군산군도, 변산반도, 백제 문화권에 종합 관광권 형성
- 연 1,339만 명의 고용 창출 : 사업 시행 기간 중 연 1,339만 명의 고용 창출

새만금 지역도 간척 후 농지로 만들어진다.

환경단체가 보는 새만금 간척사업의 문제점

새만금호에 영향을 미칠 만경강과 동진강 유역의 축산 폐수로 인한 수질오염으로, 시흥의 시화호보다 더 심각한 오염 문제가 생길 것으로 예상된다. 현재 시화호는 원래 목적인 담수호를 포기하고 바닷물을 유입시키고 있다.

따라서 새만금호에 영향을 주는 하천의 수질 개선을 위한 획기적인 대안이 마련되지 않는다면 시화호보다 더 오염될 것이라는 예측을 하고 있다.

새만금호의 오염 문제를 해결하기 위해서는 환경 기초 시설의 정비와 함께 하수관거 정비 계획이 수립되어야 하며, 이때 부실 하수관거 정비와 신규 하수관거 설치 계획이 함께 진행되어야 한다.

관광 명소가 된 새만금 사업 전시관

자체 정화 시설이 없는 만경강과 동진강 유역의 축사

상류에서 유입되는 축산 폐수

그러나 새만금 유역의 폐수가 이동하는 관로의 파손 및 관리 부실 등으로 폐수가 하수 종말처리장으로 유입되지 않고 강 유역의 하천으로 유입되어 새만금호의 오염이 더욱 심해질 가능성이 높다고 평가하고 있다.

정부의 계획대로 하수관거가 설치된다고 하더라도 우리나라의 하수관거 설치비는 하수종말처리장 건설비의 21%에 불과해 하수 종말 처리장만 건설하고 폐수처리집관로는 설치하지 않거나 부실하게 시공되고 있어 제구실을 할 수 있을지 의문이다.

담수를 채울 물을 공급하는 만경강 유역

새만금 간척사업으로 인하여 전라북도 지역의 갯벌 중 90% 이상인 200km²가 사라지게 된다.

수산물 생산 및 생물들의 서식지, 오염 정화, 재해 방지, 자연 학습장 등의 다양한 기능을 하는 갯벌의 가치는 이루 말할 수 없다. 이미 환경부 연구 보고서를 통해 갯벌이 농경지와 비교했을 때 3배 이상의 경제적 가치가 있다는 것이 확인되었다.

담수호로 바뀌는 갯벌과 고기잡이를 포기해야 하는 어민들

생활 터전이 파괴된 어민들은 생존에 위험을 느끼고 있다. 공사가 90% 정도 진행된 상황에서 이미 바지락, 백합, 가무락조개, 갯지렁이 등이 거의 사라진 실정이다.

또한 만경강과 동진강 하구는 도요새, 물떼새들이 통과하는 중요한 지역이며 검은머리갈매기, 재두루미 등 다수의 희귀 조류가 서식하는 곳으로, 간척사업으로 인해 그 서식지가 위협받고 있다.

바닷새의 서식지가 위협받고 있다.

공사가 완료된 뒤 새로운 갯벌과 철새 도래지가 새로이 형성되려면 얼마나 많은 세월이 걸릴지 모르는 일이다.

우리의 삶의 터전인 새만금 갯벌이 무리한 간척사업과 매립으로 인해 사라지게 되자 갯벌을 살리기 위한 운동에 많은 지역 주민과 국민들이 참여하고 있다.

이에 따라 서울행정법원은 새만금 간척사업에 관하여 방조제 공사와 관련된 일체의 공사를 중지시켰으며, 그 이후에는 토석 유실에 따른 보강 공사만 이루어지고 있다.

새만금 간척사업을 반대 시위하는 모습

새만금 간척사업을 반대하기 위해 갯벌 위에 세운 장승들

농작물을 죽음으로 몰고가는 소금 폭풍

1991년부터 경기도 화성군의 화옹지구에 바다를 가로막는 간척 사업이 진행되고 있다. 화성군 서신면과 우정면을 잇는 9.7km의 방조제를 만들고, 바다를 메워 생기는 약 $45km^2$의 농경지에 농업용수를 공급하기 위하여 인공 담수호도 만들고 있다.

현재는 방조제 물막이 공사를 마친 상태에서 방조제 보강 공사가 진행 중이며, 담수호의 오염 문제를 해결하기 위하여 시화호와 같이 바닷물을 환경 기초 시설 설치 전까지 배수갑문을 통한 해수 유통으로 수질을 관리하고 있는 상태이다. 그러나 이미 간석지로 드러난 부분은 갯벌의 기능을 잃은 상태이다.

화옹호는 개발 초기부터 개발 반대 여론이 심하였다. 그 이유는 심각한 오염으로 해수 담수화 계획을 포기한 시화호 개발과 유사하기 때문이다.

끝이 보이지 않는 갯벌이 간석지로 변한 모습

현재 화옹호 주변에서 하루에 유입되는 오·폐수는 하루 약 2만여 톤이지만, 화옹호 유역에는 오염 방지 기초시설이 한 곳도 없다. 다만, 오는 2008년까지 하수 종말처리장 2개를 설치한다는 대책이 제시된 상태이다.

정화되지 않은 오염 물질이 간석지로 흘러 들어간다.

또한, 화옹호로 흘러 들어오는 물이 부족하여, 적은 오염물질의 유입으로도 쉽게 오염될 수밖에 없는 문제점을 가지고 있음을 알 수 있다. 그런데 화옹호 건설을 주관하고 있는 농업기반공사측은 화옹호에 채울 물을 강수량에 의존하고 있다고 한다. 만약 기상 이변으로 계획대로 비가 오지 않는다면 큰 문제가 될 수 있다.

개발이 진행 중인 현재도 오염의 증거들은 발견되고 있다. 방조제로 물길이 막히면서 소금기가 드러나고, 상류에서 흘러든 각종 오·폐수가 화옹호 내에 머문 채 빠지지 못하게 되자 시화호처럼 갯벌에 '조개 무덤'이 긴 띠를 이루며 나타나고 있다. 동죽, 가리맛조개, 굴, 바지락 등 갯벌에서 풍부하게 서식하던 조개류들도 하나 둘씩 사라지고 있다.

또한 바다를 매립할 때 꼭 필요한 것이 흙이다. 화옹호도 토석 채취로 화성군 궁평리 일대의 산이 평지로 변하는 등 산이 훼손되고, 경기 연안 주변의 갯벌이 소실됨으로써 바다의 오염물질 정화 능력이 떨어져 환경 재앙을 초래할 것이라는 우려도 크다.

이에 따라 주민과 환경 단체들은 제2의 시화호를 우려하여 화옹지구의 간척 사업을 철회하고 호수의 담수화 계획을 백지화할 것을 요구하고 있다. 간척사업을 주관하는 농업기반공사측은 시화호에 비해 물의 순환 주기가 2배 이상 빠르기 때문에 오염 우려가 적다는 입장이며, 호수 안에 인공 습지와 유수지, 식물섬, 생태 공원 등을 설치함으로써 수질을 유지하여 2012년부터 농업 용수로 활용한다는 계획이다.

그런데 최근에는 예상치 못한 더 큰 문제가 발생하고 있다. 방조제 물막이 공사를 끝낸 화옹호 주변 간석지가 거대한 소금으로 뒤덮힌 땅으로 바뀌고 있는 것이다. 봄철의 오랜 가뭄과 맑은 날씨 때문에 염전에서 소금을 만들 듯이 물이 빠진 넓은 간석지 위의 바닷물이 바싹 말라 그 위에 소금 가루를 만든 것이다. 먼지 바람이 생기듯이 작은 크기의 소금 가루는

소금 폭풍은 포도밭에 치명적인 피해를 줄 수 있다.

표면이 소금으로 뒤덮인 간석지

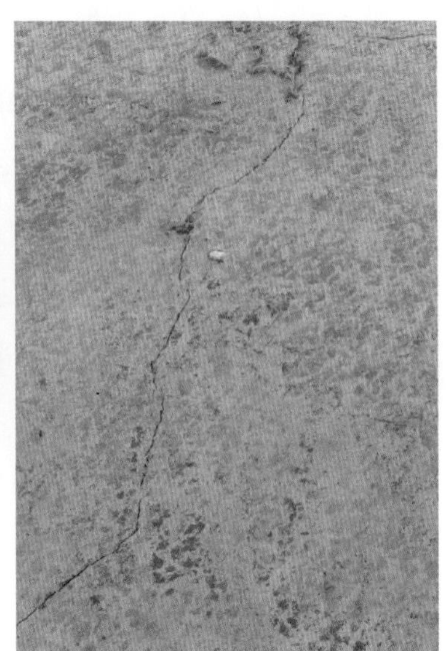
갯벌 표면이 하얀 소금으로 뒤덮인 모습

강한 바람으로 인하여 일명 '소금 폭풍'을 만들었다. 소금이 실려 있는 바람은 인근 지역의 농작물을 덮치면서 가뜩이나 어려운 농민들에게 피해를 주고 있다.

봄에 부는 황사와 같이 소금 바람은 농작물을 말라 죽게 만든다.

대규모 간척 사업 뒤 간석지 염분의 발생으로 생기는 '소금 폭풍'은 예견된 일이다. 지난 1986년 시화호에서도 포도 농가 등을 덮친 적이 있으며 당시 조사에서 염분에 따른 농작물 피해가 확인되어 주민들에게 피해보상이 이루어졌다. 농업기반공사측에서 주민들이 요구한 방풍림을 만들어 주었다면 피해를 줄일 수 있었을 것이다.

방조제가 생기기 전에는 바지락을 캐서 생계를 유지하던 어민들이 이제는 소금 폭풍 피해를 걱정하고 있다.

갯벌의 개발과 갯벌 지키기

갯벌을 보존하는 것과 개발하는 것 중 어느 쪽을 선택해야 할까?

좁은 국토와 많은 인구를 갖고 있는 우리나라는 갯벌을 매립하여 국토를 넓히는 것이 가장 손쉬운 방법인지도 모른다.

갯벌을 메워 부두로 만듦 경제 발전을 이루는 원동력이 된다(평택항).

개발과 보존의 가치만을 따진다면 결론을 낼 수 없다. 개발도 중요하지만 보존 또한 중요하기 때문이다.

농지와 담수호로 바뀐 모습 쌀 생산에 많은 도움을 준 충청남도 서산A지구

멀리 보이는 산업단지(충청남도 당진)

바다로 유입되는 오염을 최대한 방지하고 자연 친화적인 개발을 모색하여 갯벌에 살고 있는 생물들이 떠나거나 죽는 일이 없도록 해야 한다.

시화호는 갯벌은 사라지고 반월공단과 안산공단에서 유입되는 폐수로 인하여 담수호는 오히려 오염 물질이 증가하여 썩은 물이 되었지만, 현재 시화호는 담수를 포기하고 갑문(선박을 통과시키기 위하여 수위를 조절하는 장치로 물을 가두는 문)을 통해 바닷물을 들이고 오염 물질을 바다로 내려보내 다시 숭어 같은 어류가 살고 새들이 찾아들고 있다.

이런 소중한 갯벌을 지키기 위해 우리들이 할 수 있는 일은 갯벌을 사랑하는 마음을 가지고 보호하고자 하는 노력이다. 가정에서 배출되는 오염물질을 줄이는 것, 갯벌 주위에 오물을 버리지 않는 것, 갯벌의 동·식물을 함부로 채취하지 않는 것, 한 번이라도 갯벌에 찾아가 보는 것, 갯벌에 대한 지식과 중요성을 인식하는 것, 환경 보호를 위한 시민단체 활동을 하는 것 등 여러 가지 방법이 있다.

갯벌과 관련된 사업을 추진할 때는 처음 단계부터 정부와 시민 그리고 민간단체들이 적극 참여하여 보전의 필요성, 사회·경제적 영향, 환경 요인, 기타 효과 등을 종합적으로 검토하여 체계적인 관리 체계를 세워야 한다.

그 동안 잘못 개발된 갯벌에 대해서는 갯벌 생태계의 복원과 어민들의 생존권을 고려하는 환경 보전 정책을 실시해야 한다.

경상남도 창녕군(우포늪) 람사 협약에 지정

우리나라의 갯벌은 세계적으로 보존해야 할 만큼 높은 가치를 지니고 있으며, 철새의 이동 경로라는 점에서 국제 사회의 주목을 받고 있다. 그러므로 습지 보존을 위한 국제 협약인 람사 협약에 적극 동참하고 강화 갯벌 같은 다른 중요한 갯벌들을 보존 지역으로 지정하여 국제적으로 보호해야 한다.

생태계의 기능에 대한 과학적 지식이 없었던 과거에는 대부분의 사람들이 갯벌을 쓸모없는 땅으로 여겼다. 이러한 생각은 최근까지도 이어져 당장의 개발만을 위한 매립 등을 통해 갯벌을 파괴하거나 도시 오염 물질의 야적장(물건을 한데 쌓아 두는 곳) 정도로 여기는 사람들이 많았다. 이런 이유로 그 동안 갯벌은 쉽게 파괴되고 오염되어 왔다.

이제 우리는 우리의 소중한 자산이며 자랑거리인 갯벌을 지키고 보존해야 한다.

한가로이 가족과 함께 낚시하는 사람들

람사 협약(Ramsar Convention)

람사 협약의 정식 명칭은 '물새 서식지로서 국제적으로 특히 중요한 습지에 관한 협약' 으로 1971년 2월 2일 이란의 람사(ramsar)에서 채택된 습지 보존을 위한 국제 협약이다(람사 협약에서 습지란 자연적이거나, 인공적이거나, 영구적이거나 또는 물이 정체하고 있거나, 흐르고 있거나, 담수이거나, 기수이거나, 함수이거나에 관계없이 소택지, 늪지대, 또는 수역을 말하고 이에는 바닷물의 간조시에 수심이 6m를 넘지 않는 해역을 포함한다). 즉 물새 서식 습지대를 국제적으로 보호하기 위한 것으로 75년 12월에 발표되었다.

1997년에 101번째로 가입한 우리나라를 비롯하여 현재(2003년 10월 15일) 138개 나라가 이 협약에 가입했으며 1,314곳의 습지가 보호지역으로 지정되어 있다.

이 협약은 가입시 한 곳 이상의 습지를 람사 습지 목록에 등재하도록 하고 있는데 우리나라는 106ha 크기의 강원도 양구군 대암산 용늪을 신청해 지정되었고, 두 번째로 1998년 1월 20일 경상남도 창녕군 우포늪을 신청해 지정되었다.

전 세계적으로 습지는 간척과 매립으로 사라져 가고 있다. 산업 문명의 발달과 인구의 급증으로 우리나라뿐 아니라 전 세계적으로 습지가 급속도로 개발되고 있어 미국은 54%의 습지, 뉴질랜드는 90%의 습지, 필리핀 망그로브는 68%가 개발로 사라졌으며, 일본은 향후 160년 내에 모든 습지가 사라질 것으로 예견되고 있다.

람사 협약에서도 밝히고 있듯이 습지는 경제적, 문화적, 과학적 및 여가적으로 인류에게 큰 가치를 가진 자원이며 한번 손실된 습지는 회복하기 힘들다. 우리는 이와 같은 사실을 인식하고 현재와 미래에 있어서 습지의 점진적 침식과 손실을 막아야 한다.

찾아보기

■ 갯벌 생물

■ 갯벌 정보

 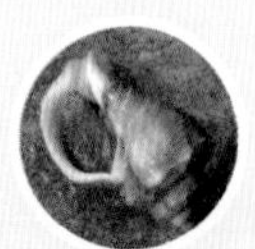 

갯벌 생태와 환경

2004년 2월 15일 1판 1쇄
2005년 1월 10일 2판 1쇄

저자 : 이병구
펴낸이 : 이정일

펴낸곳 : 도서출판 **일진사**
140-896 서울시 용산구 효창동 5-104
대표전화 : 704-1616, 팩스 : 715-3536
http://www.iljinsa.com
등록날짜 : 1979년 4월 2일
등록번호 : 제 3-40호

값 12,000원

ISBN : 89-429-0836-5